Gaosu Gonglu Qiaomian Puzhuang

高速公路桥面铺装

Lixue Fenxi ji Shigong Gongyi

力学分析及施工工艺

柳朝印　编著

人民交通出版社股份有限公司
China Communications Press Co.,Ltd.

内 容 提 要

本书主要结合张石高速公路桥面沥青混凝土铺装层实际情况，从桥面铺装力学分析、桥面铺装面层沥青混合料性能、桥面铺装黏结防水层材料选择及性能、高速公路沥青桥面铺装结构建议及施工工艺诸方面进行研究并得出结论，对高速公路桥面铺装的设计、施工有一定帮助和启发。

本书可供高速公路桥面铺装施工、养护人员参考使用，也可作为道路与桥梁工程专业技术人员认知学习用书。

图书在版编目（CIP）数据

高速公路桥面铺装力学分析及施工工艺／柳朝印编著. —北京：人民交通出版社股份有限公司，2016.6

ISBN 978-7-114-13141-7

Ⅰ.①高…　Ⅱ.①柳…　Ⅲ.①高速公路—公路桥—桥面铺装—桥梁施工　Ⅳ.①U448.143.33

中国版本图书馆 CIP 数据核字(2016)第 144385 号

书　　名：高速公路桥面铺装力学分析及施工工艺
著 作 者：柳朝印
责任编辑：刘　倩　李学会
出版发行：人民交通出版社股份有限公司
地　　址：(100011)北京市朝阳区安定门外外馆斜街 3 号
网　　址：http://www.ccpress.com.cn
销售电话：(010)59757973
总 经 销：人民交通出版社股份有限公司发行部
经　　销：各地新华书店
印　　刷：北京中石油彩色印刷有限责任公司
开　　本：880×1230　1/32
印　　张：3
字　　数：101 千
版　　次：2016 年 6 月　第 1 版
印　　次：2016 年 6 月　第 1 次印刷
书　　号：ISBN 978-7-114-13141-7
定　　价：20.00 元

前言

PREFACE

我国在桥梁的设计、研究、施工方面已经积累了大量的经验，技术水平已相当成熟，但对桥面铺装层的结构、材料和施工工艺的研究尚浅，理论成果及技术水平相对滞后。因为桥面铺装层破坏导致的桥面平整度差、桥面早期损坏较普遍，已成为公路工程长期以来一直未得到根本改善的问题。桥面铺装中常出现早期破坏现象，原因是对混凝土桥面沥青铺装结构方面的研究不够深入和全面，尚无设计与施工规程可以利用，生产实际中，工程技术人员仅凭经验进行设计和施工，缺乏科学依据。同时，有关部门对桥面铺装在保护桥梁结构耐久性方面的重要作用认识不足，导致许多桥梁的桥面铺装未采取如防水层等保护措施。

目前，对混凝土桥面沥青铺装层尚未提出有针对性的设计方法，主要仍以公路沥青路面的设计方法作为参照。而我国公路沥青路面设计以弯沉为控制指标，同时验算沥青混凝土面层和半刚性基层的弯拉应力，这种设计方法在正常路段沥青路面设计中是合适的，但在桥面铺装的沥青混凝土层设计中并不适用。一方面，由于正常路段均有土基和基层，而桥面铺装沥青混凝土是直接铺装在水泥混凝土桥面之上的；另一方面，桥面铺装的破坏形式和原因与正常路段不同，主要是面层或层间的剪切破坏。因此，有必要提出专门针对混凝土桥面沥青混凝土铺装的设计方法。

根据调查研究，沥青混凝土桥面铺装与正常路面和水泥混凝土桥面铺装相比，产生的缺陷形式和特征有所不同。主要有：

(1)铺装层内部产生较大的剪应力,引起不确定破坏面的剪切变形,或者由于铺装层与桥面板层间结合面黏结力差,抗水平剪切能力较弱,在水平方向上产生相对位移导致剪切破坏,产生推移、拥包等病害。

(2)因温度变化及桥面板或梁结构产生过大挠度等原因而产生的裂缝,在车辆荷载作用下或受渗入水影响造成面层松散、坑槽及冻融破坏。

(3)如果桥面铺装未设防水层,则面层的水或防冻盐溶液会进入桥面板中,在温度和荷载综合作用下,会造成桥面板的损坏,甚至渗入的水或防冻盐溶液会腐蚀主梁钢筋,威胁主梁的安全,降低桥梁使用寿命。

(4)铺装层较薄或采用单层式沥青混凝土,因桥面板不平整造成铺装层平整度达不到规范要求,影响行车舒适性。

综上所述,为了确保混凝土桥面沥青铺装的质量,有必要对铺装的设计方法进行深入研究,同时针对不同的桥梁结构,确定合理的铺装层结构形式、高质量的材料组合以及适用的施工工艺,提出合理的混凝土桥面沥青铺装设计指标体系。

本书结合上述提出的问题,对张石高速公路桥面沥青铺装层进行了研究。全书共分6章,从桥面铺装力学分析、桥面铺装面层沥青混合料性能、桥面铺装黏结防水层材料选择及性能、高速公路沥青桥面铺装结构建议及施工工艺诸方面进行研究和总结,对高速公路桥面铺装的设计、施工有一定帮助和启发。

本书在编写过程中得到河北交通职业技术学院田平教授、马彦芹教授,东南大学顾兴宇教授,交通运输部公路科学研究院常行宪副院长,人民交通出版社卢仲贤主任、丁润铎副主任,以及张石高速公路管理处同仁的大力帮助,在此一并致谢。

由于作者水平所限,书中难免存在不少错误之处,恳请各位读者批评指正。

作者

2016年4月

目录

CONTENTS

1 绪　论

1.1 研究背景

改革开放以来，我国交通基础设施、运输装备和客货运输总量规模迅速扩展，质量水平大幅提高。但随着经济的腾飞和公路的飞速发展，大交通量和重载现象越来越普遍，桥面铺装层的早期病害与破坏日见突出，高昂的维修费用已让交通管理部门不堪重负。桥面铺装层是公众直观了解公路桥梁工程质量状况及行车舒适程度的媒体工程，直接影响公众对公路建设事业质量的评价，往往产生较大的社会影响。如何结合我国国情，与时俱进、合理选材、优化设计、科学管理与施工，以保证结构的耐久性和桥面的使用性能，是目前亟待解决的重要课题，这已引起公路与交通界专家及学者的广泛关注。

桥面铺装作为桥梁结构的重要组成部分，承受车辆荷载的直接作用，同时受雨水的浸蚀及外界其他因素的影响，它应具有以下几个特点：

第一，桥面铺装的使用功能决定了它应具有表面平整、耐磨、防滑的功能，为使用者提供一个舒适的行车道面，保证车辆行驶的安全。

第二，桥面铺装作为桥梁上部结构的重要组成部分，应具有防止雨水浸蚀的作用，避免雨水的浸入对桥面铺装和桥梁结构的影响。

第三，桥面铺装与桥面板之间应黏结良好。层间黏结良好的铺装层成为一个整体共同承受车辆荷载的作用，可分散车辆荷载的作用力，提高桥面铺装的使用耐久性。

第四，桥面铺装是直接暴露于自然界中的结构物，应具有抵抗自然界四季交替的温度变化的能力，即在夏季应具有高温抗车辙变形的能力，冬、春季应具有抵抗低温变形的能力。

第五，沥青桥面铺装是直接铺筑于混凝土桥面板上的结构物，应具有与桥梁结构变形协调的能力。在混凝土桥的桥面铺装中，有关研究表明，沥青混凝土的变形能力大于混凝土结构的变形能力，因而桥面铺装的变形协调性在本书研究中不予考虑。但在一些特殊结构的桥面铺装中，由于负弯矩的影响，桥面铺装应具有抵抗疲劳开裂的能力。

因此，桥面铺装技术问题的解决，可延长桥梁结构及桥面铺装的使用寿命，减少桥面铺装的维修养护费用，最大限度地保持道路交通的通畅，减少道路交通事故，具有显著的社会经济效益。同时，有效的桥面铺装防排水体系，可有效保护桥梁结构，减小雨水等有害杂质对桥梁结构的浸蚀，延长桥梁使用寿命，降低桥梁维护及加固费用，提高我国桥梁建设的整体修建水平。

1.2　国内外研究现状

桥面铺装与桥梁建设的发展有密切的关系，应该说，随着桥梁的产生，便有了桥面铺装。但是，桥面铺装技术的发展远远落后于桥梁建设技术的发展，一个可能的原因是桥梁建设的发展和技术的进步，主要是在桥梁结构设计理论、设计方法、施工工艺及建筑材料方面的发展，另一个可能的原因是由于桥面铺装在大多数桥梁设计者看来，属于桥面系构造，是附属结构物的设计，通常来讲，桥面铺装出现损坏，短期内不会出现安全问题，对于桥梁结构的设计和施工来讲，不会带来很大的危险。因而，长期以来，桥梁建设取得了前所未有的进步，一大批大跨径桥梁、技术复杂大桥的相继建成通车证明了这点，但桥面铺装方面的技术则没有取得明显的成绩，至今国内还没有一套成熟的桥面铺装设计、施工技术。在国内基础设施建设特别是交通基础设施建设大力发展的今天，高等级公路的大量涌现，沥青混凝土桥面铺装成为桥面铺装的主要结构形式，出现的病害问题也越来越多，逐渐引起了人们的注意。

在现有的沥青路面的设计规范和桥梁有关设计和施工规范中，对桥面铺装的规定很模糊，不利于在设计和施工过程中实施。二者均没有对桥面铺装的设计和施工做出具体的可供实际操作的规定，如在桥梁设计规范中，只规定了桥面铺装的厚度，如 4cm 或 5cm，在有的桥梁设计标准图中标明桥面铺装厚度为 4cm。在路面设计规范中，规定了桥面铺装应该由黏结层、防水层和沥青面层组成，并且还规定，高速公路、一级公路的沥青桥面铺装，宜设置为双层式，桥面铺装厚度宜为 6 ~ 8cm，特殊情况下可增至 10cm；对于二级或二级以下公路的沥青桥面铺装，其桥面铺装厚度宜为 5 ~ 8cm。这样的规定，对于桥面铺装的设计和施工造成了困难。

国外经过几十年的实践与探索，结合各自国家和地区的具体情况，在混凝土桥面铺装方面选用的结构类型不尽相同，如表 1-1 所示。

日本道路协会《水泥混凝土桥面设计施工纲要》规定钢筋混凝土桥采用如下铺装形式：

(1)沥青层 + 板状防水材料 + 沥青橡胶黏结剂 + 混凝土。

(2)沥青层 +3 层氯丁橡胶型防水材料 + 氯丁橡胶黏结剂 + 混凝土。

(3)沥青层 + 乳化沥青(黏结) + 沥青层(防水) + 沥青橡胶黏结剂。

印度使用平均 75mm 厚的钢筋混凝土(钢筋网格 200mm × 200mm)磨耗层，水泥用量为 350kg/m^3，最大水灰比为 0.4。磨耗层和路缘石之间的垂直接缝填以沥青。其使用寿命可达 4 ~ 10 年。平均 8mm 厚的沥青混凝土磨耗层分两层铺设，使用寿命可达 5 ~6 年。

由表1-1和日本所采用的铺装结构可以看出，混凝土桥桥面铺装一般包括防水层和沥青混凝土面层。桥面防水体系的修筑则是提高桥梁使用寿命的重要保证，不容忽视，它与面层的设计与施工是有机的整体。欧美自20世纪60年代已开始大量采用桥

国外混凝土桥面铺装层结构 表1-1

国家名称	防水层类型	铺装层厚度	
		中层厚度(cm)	磨耗层厚度(cm)
奥地利	预制板	浇筑沥青混凝土(8)	浇筑沥青混凝土(4)
瑞典	预制板	浇筑沥青混凝土(1)+预拌沥青的砂砾>(15)	浇筑沥青混凝土(4)
		浇筑沥青混凝土(3.5)	浇筑沥青混凝土(4)
	薄膜	水泥混凝土(5)+浇筑沥青混凝土(3)	浇筑沥青混凝土(4)
荷兰		重新整形用沥青混凝土(3)	浇筑沥青混凝土(4)
日本		沥青混凝土，有时含有改性黏结料(4~5)	沥青混凝土，有时含有改性黏结料(3~5)
澳大利亚	薄膜		沥青混凝土(5)
	预制层		沥青混凝土(5)
意大利	地沥青胶砂	沥青混凝土(5)，摊铺沥青混凝土+SBC(25)	沥青混凝土(5)，摊铺沥青混凝土+SBC(25)
	薄膜	沥青混凝土(4)	沥青混凝土(3)
	预制层	沥青混凝土(6)	沥青混凝土(3)
法国	地沥青胶砂	摊铺沥青混凝土(2.2)	沥青混凝土，在极例外特别铺装的情况下，含有聚酯类或纤维(5~10)
比利时	地沥青胶砂	摊铺沥青混凝土+用于重新整形的沥青混凝土(3)	沥青混凝土(3或5)
	预制层	摊铺沥青混凝土+用于重新整形的沥青混凝土(3)	沥青混凝土(3或5)
英国	预制层	地沥青砂保护	热拌地沥青(3)或热拌地沥青(10)(双层)或水泥混凝土(15)

面防水层，其中美国联邦公路局1972年规定，应对桥面采取保护措施以防止钢筋腐蚀和桥面破坏。TRL、OECD及NCHRP等机构从实际应用的角度对桥面防水进行了系统的研究。许多国家重视防水层的应用，荷兰特别注意桥面混凝土面层的修建及其质量，日本和澳大利亚是有选择地应用防水层。而德国的钢桥面铺装更重视防水体系的完善，铺装结构组合特别是防水层的结构形式多种多样。防水层有反应性树脂缓冲层、反应性树脂改性沥青黏层、反应性树脂改性沥青薄膜、反应性树脂SMA致密层等，但这些材料价格普遍较贵。

通过上述分析，从桥面铺装结构组成上看，铺装层通常由1～3层材料铺筑而成。当桥面不设排水层时，应选用不透水的或极密实的磨耗层，因为渗入面层的水是难以排走的，且最终会引起面层破坏。此外，还要十分重视桥面防水黏结层的功能设计，要防水和黏结并重。

因此，本书将在国内外研究调研的基础上，结合张石高速现场施工的实际情况，研究合适的桥面铺装结构及材料，服务于工程实际。

1.3 张石高速桥面铺装结构设计及主要研究内容

根据国内外桥面铺装的主要类型及结构，结合张石高速所采用的沥青材料、石料等综合因素，初步拟定桥面铺装的各结构层类型如下：

上面层：SMA-13(4cm)改性沥青混凝土或者AC-13C(4cm)改性沥青混凝土(沥青可选择高强及工地用优质SBS改性沥青)。

中面层：AC-20C(6cm)或者AC-13C(4cm)改性沥青混凝土；AC-20C(6cm)或者AC-13C(4cm)高强度沥青混凝土。

黏结防水层：溶剂型黏结剂+接缝处聚酯玻纤布、卷材、稀浆封层+接缝处聚酯玻纤布、满铺聚酯玻纤布(优质改性热沥青，改性乳化沥青作为黏层)。

由此,本书的主要研究内容包括:

(1)车辆荷载作用下桥面铺装层各层受力分析,尤其是黏结层的抗剪切性能研究。

(2)结合工地实际情况,进行中面层改性沥青混凝土以及高强沥青混凝土的材料及性能试验研究。

(3)结合工地实际情况,进行上面层 SMA-13 及 AC-13 沥青混合料的材料及性能试验研究。

(4)防水黏结层的室内试验研究。

(5)桥面铺装防水黏结层及路面相关施工工艺研究。

2 桥面铺装力学分析

2.1 桥面铺装力学分析概述

龙凤坡3号大桥为张石化稍营至蔚县(张保界)段高速公路中的一座重要桥梁,全长150m,该桥上部结构采用5×30m装配式部分预应力混凝土连续T梁,下部结构采用柱式墩、柱式台,基础采用钻孔灌注桩基础。桥面宽度为双幅11.75m行车道+0.5m防撞护栏,两幅间距0.5m。该桥跨径较大,在同类桥梁中具有代表性,本书以龙凤坡大桥为工程基础,进行桥面铺装相关力学分析,总结混凝土桥梁桥面铺装的受力及变形特点。

桥面铺装体系的使用环境及受力特点与一般路面有较大的区别。为了能有效地进行桥面铺装的设计,必须清楚桥面铺装体系的受力状态及其对于铺装材料力学性能的要求。桥面铺装问题解决的前提是明确铺装层结构的受力状态及特点,目前对于桥面铺装层体系内部应力应变状态的现场检测还比较困难,而有限元数值模拟计算技术已成为现代结构力学分析的一种简单而有效的手段。

本书应用通用有限元程序ANSYS计算程序,对混凝土桥面铺装体系进行以下两个方面的研究:

(1)通过桥梁结构整体变形对桥面铺装作用的分析。

(2)通过局部轮载作用对铺装层结构体系受力状态的详细分析。

2.2 铺装层在桥梁结构整体变形作用下的受力分析

桥梁在车辆荷载及温度荷载作用下发生变形,沥青桥面铺装层结构作为桥梁结构的附属部分，其刚度远小于桥梁主体结构刚度，因此桥面铺装层体系要被动追随桥梁结构的变形。为了简化计算，桥面铺装层体系在桥梁整体结构变形作用下的受力分析，可以根据铺装层与桥面板的变形协调的原则，并假设桥面铺装层与桥面板完全连续，通过分析桥梁主体结构桥面板的变形，分析铺装层的受力状态。

2.2.1 计算模型的建立

建立有限元模型时，对整个桥梁进行了简化。由于桥梁两幅是分离的，因此取其中一幅进行计算，纵向取五跨连续梁中的两跨，并分别向外取半跨，即纵向取 90m。模型单元采用三维八节点实体单元(图 2-1)，有限元模型如图 2-2 所示。模型两端对其进行横向和纵向的约束，竖向自由移动。

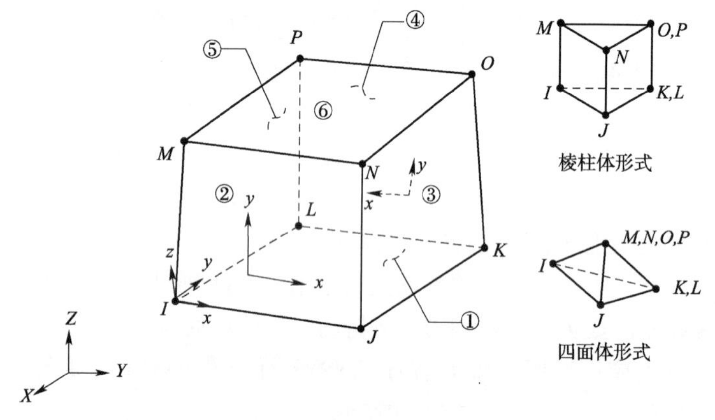

图 2-1 实体单元示意图

2.2.2 计算荷载和计算的相关参数

根据《公路桥涵设计通用规范》(JTG D60—2004)❶，在桥梁左

❶ 已被《公路桥涵设计通用规范》(JTG D60—2015)替代，该规范于 2015 年 12 月 1 日实施。

右两幅分别平行布置三车队,龙凤坡大桥的设计荷载为公路-Ⅰ级,计算满布荷载桥梁铺装层的受力状态,分析铺装层的轴向应变,汽车荷载取三行车队并排布置,汽车荷载满布情况下的纵向布置与横向布置如图2-3与图2-4所示。

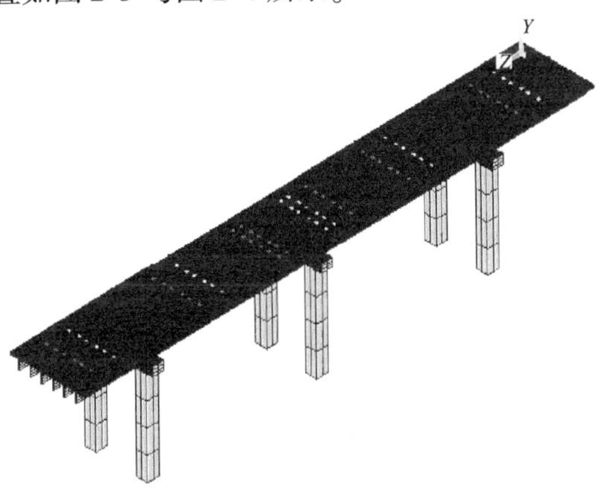

图2-2　桥梁整体受力分析计算模型

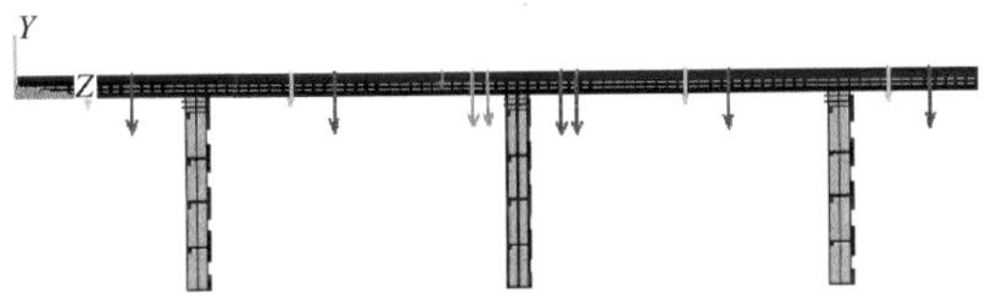

图2-3　汽车荷载的纵向布置图

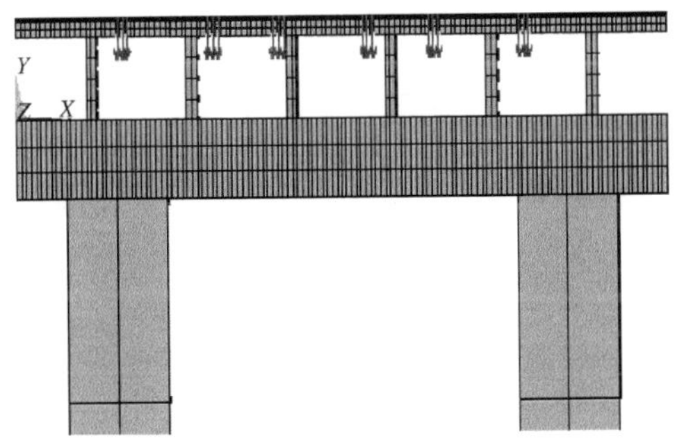

图2-4　汽车荷载的横向布置图

桥梁各种材料的计算相关参数见表2-1。

计算分析相关参数 表2-1

材料类型	水泥混凝土		沥青混凝土	
材料参数	弹性模量(MPa)	泊松比	弹性模量(MPa)	泊松比
	3.6×10^4	0.15	2000	0.3

2.2.3 荷载作用下桥面板的受力分析

通过桥梁结构整体变形情况分析，可知车队荷载下桥梁的整体受力状态，然后计算铺装层的轴向应变，从而确定铺装的应力应变状态。在满跨布置车辆荷载的情况下，铺装层沿桥面纵向拉应变分布和沿桥面横向拉应变分布，见图2-5和图2-6。

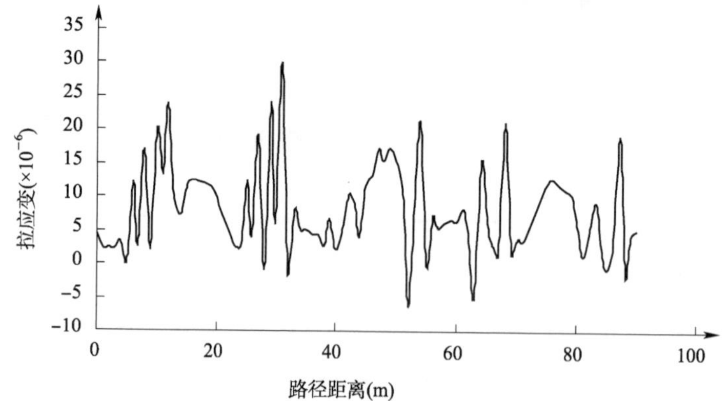

图2-5 铺装层沿桥面纵向拉应变分布图

通过对龙凤坡3号大桥整桥结构主跨纵向的弯矩及轴向应变分析，在车辆满跨加载和半跨加载的极限荷载作用下，桥面混凝土顶面负弯矩区(桥梁墩台处)将出现拉应变，最大应变约为30.2×10^{-6}，对应的拉应力约为1.1MPa。该拉应力虽然远小于水泥混凝土的极限抗拉强度，但是在温度荷载的综合作用下，该区域必将在水泥混凝土梁顶面先出现开裂。梁体开裂后，沥青铺装层在荷载作用下也不可避免会出现开裂，从而导致雨水渗入损坏梁体和铺装层。因此在负弯矩区对沥青混凝土进行加筋是十分必要的。

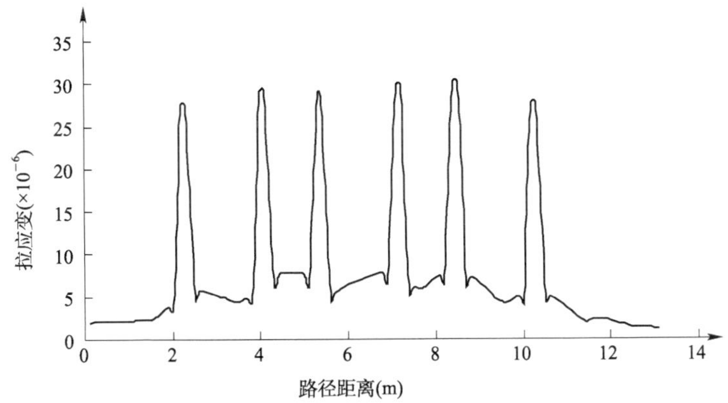

图 2-6 铺装层沿桥面横向拉应变分布图

2.3 铺装层在轮载作用下的应力分析

桥面铺装层体系追随桥面板结构变形的同时,其主要功能是直接承受轮载的作用,保护桥面板,因此有必要分析铺装层在轮载作用下的局部应力应变状态。此外,在行车荷载水平力的作用下,如果沥青混合料面层与混凝土桥面板界面抗剪强度不足,会使沥青混合料面层在黏合面上发生剪切位移,严重时形成拥包、开裂和车辙等早期病害,因此必须提高沥青混合料的面层与桥面板的黏结力。本书通过建立桥面板在轮载作用下的局部受力模型,分析了桥面铺装在局部轮载作用下的受力情况。

2.3.1 基本假设

为了详细分析桥面铺装在轮载作用下的受力状态,对计算模型做了如下假设:

(1)钢筋水泥混凝土和沥青混凝土是均匀的、连续的、各向同性的弹性材料。

(2)水泥混凝土和沥青混凝土的接触状态为完全连续。

(3)水泥混凝土和沥青混凝土铺装层的自重不计。

(4)忽略桥面横坡的影响。

由于黏结层分为涂膜类和卷材类,因此将铺装层的受力情况分两种情况来考虑:对于涂膜类,由于黏结层较薄,不将其另作一层单独考虑,只是将铺装层和桥面板简化为完全连续;对于卷材类,黏结层厚度一般大于5mm,这时用膜单元进行模拟,以考虑黏结层内部的受力情况。

2.3.2 有限元模型

由于汽车轮载的作用影响范围较小,而且轮载为瞬时作用,同时考虑桥梁整体结构的变形周期较长,且应变水平较低,以及沥青混凝土的应力松弛性能,没必要把轮载的瞬时作用与桥梁的整体变形作用进行组合。因此,有限元计算模型纵向选取12.5m、横向选取三个T梁的宽度,以此进行铺装结构体系的力学分析。

计算模型采用三维八节点六面体实体单元,每个节点有三个X、Y、Z方向平移自由度,如图2-7所示;单元网格在轮载作用区域为5cm×5cm,计算模型见图2-8;计算模型的约束为纵向两端边界完全固定,横向两端和上下表面完全自由;铺装典型结构尺寸为铺装层10cm,卷材8mm,材料计算参数见表2-2。

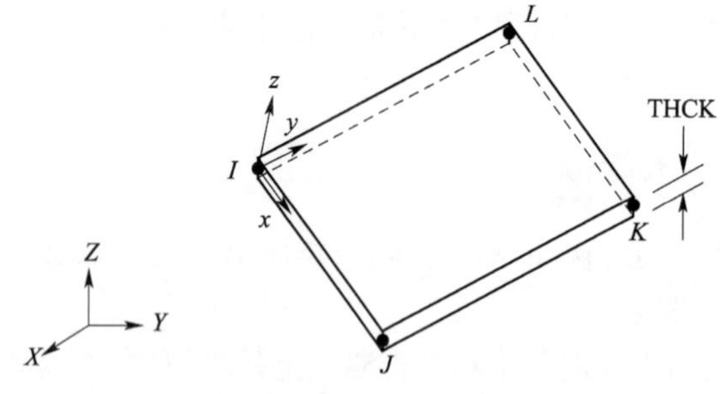

图2-7 膜单元示意图

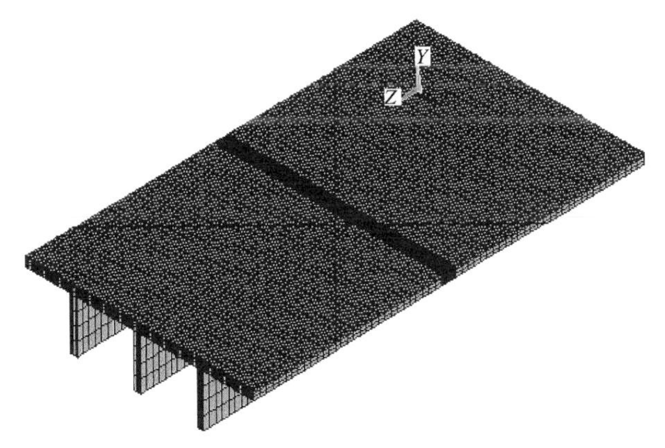

图 2-8　轮载作用下的桥面铺装计算模型

计算分析相关参数　　表 2-2

材料类型	水泥混凝土		沥青混凝土		防水黏结层	
材料参数	弹性模量（MPa）	泊松比	弹性模量（MPa）	泊松比	弹性模量（MPa）	泊松比
	3.6×10^4	0.15	2.0×10^3	0.3	100	0.3

黏结层结构是影响整个铺装层体系性能的关键因素之一，黏结层破坏或失效是目前许多桥面铺装破坏的一个重要原因。分析中将黏结层膜单元与下铺装单元底面和梁体单元之间做接触处理，计算过程中考虑了接触界面非线性的影响效应。

2.3.3　荷载作用面积及不利荷位

根据《公路桥涵设计通用规范》(JTG D60—2004)中规定轮胎接地形状为矩形，取汽-超 20 级车队主车 13t 后轴，将轮胎接地面积简化为 200mm×230mm 的矩形，接地面边缘间距为 100mm，如图 2-9 所示，分布集度为 0.707MPa。

对于水平荷载，由车轮与路面之间的摩擦系数 f 确定，即：

$$q = f \cdot p \tag{2-1}$$

式中：q——水平荷载(MPa)；

p——垂直荷载(MPa)；

f——摩擦系数,正常行驶时取0.3,紧急制动时取0.5。

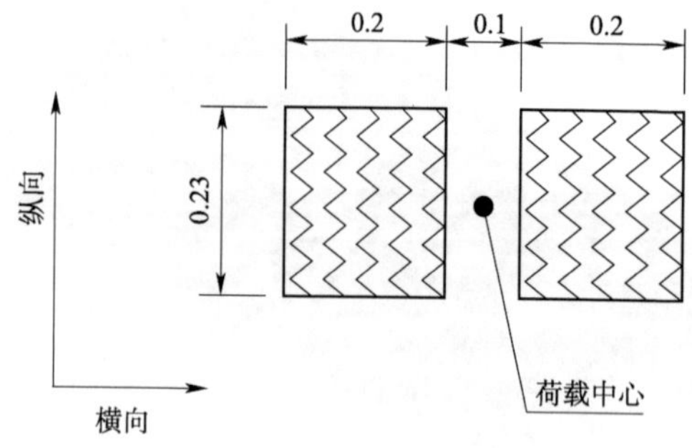

图2-9 轮胎接地面积简图(尺寸单位:m)

2.3.4 涂膜类黏结层受力分析

(1)铺装层模量影响分析

沥青混凝土在常温下为黏弹性材料,沥青混凝土模量随温度有较大的变化。同时,沥青混凝土模量也会随混合料级配、沥青性能及各组成比例的不同有较大的变化。沥青铺装层厚度取10cm,取沥青混凝土模量为800MPa、1800MPa、2800MPa、3800MPa和4800MPa五个模量进行对比分析。计算模型水平力系数取正常行驶情况下的0.3。

计算所得的不同模量下铺装层底最大剪应力见表2-3和图2-10、图2-11。

不同铺装层模量下铺装层底最大剪应力 表2-3

铺装层模量(MPa)	最大剪应力(MPa)	剪切角(°)
800	0.243	30.95
1800	0.241	31.21
2800	0.239	31.36
3800	0.238	31.52
4800	0.237	31.69

由图2-10和图2-11可以看出,随着铺装层模量的增大,铺装层底的最大剪应力随之减小,剪切角有所增大,但幅度均较小。

这主要是因为沥青铺装层的模量与混凝土桥面相比非常小，对桥面刚度的贡献不大。

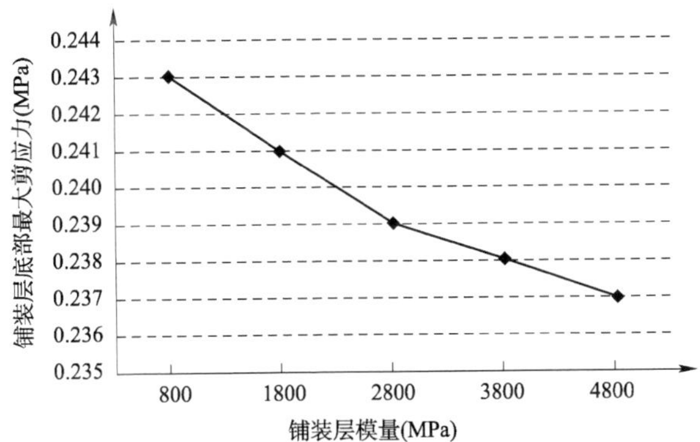

图 2-10　铺装层模量对面层底部剪应力影响分析

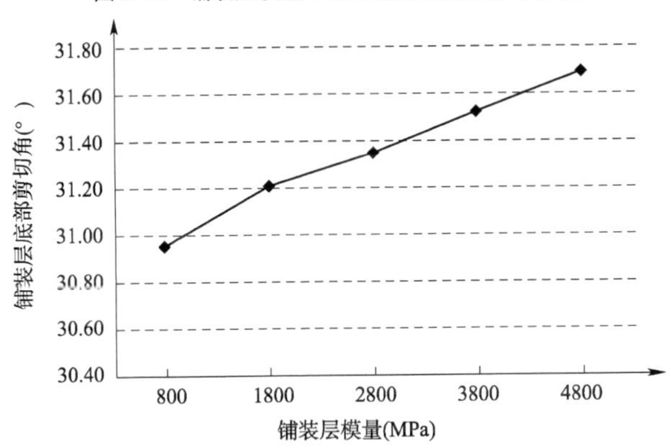

图 2-11　铺装层模量对面层底部剪切角影响分析

(2)铺装层厚度影响分析

分析不同铺装厚度下，铺装结构在标准轮载作用下，沥青混凝土铺装层底最大剪应力，以寻求最佳铺装层厚度。针对沥青混凝土铺装层厚度的一般变化范围取 4cm、6cm、8cm、10cm、12cm 和 16cm 六个厚度进行对比分析。计算模型水平力系数取正常行驶情况下的 0.3，铺装层模量取 2000MPa。计算的铺装层底剪应力和剪切角见表 2-4 和图 2-12、图 2-13。

不同铺装层厚度下面层底部应力 表 2-4

铺装层厚度(cm)	最大剪应力(MPa)	剪切角(°)
4	0.300	33.45
6	0.287	33.37
8	0.265	32.24
10	0.241	31.21
12	0.217	30.39
16	0.174	28.94

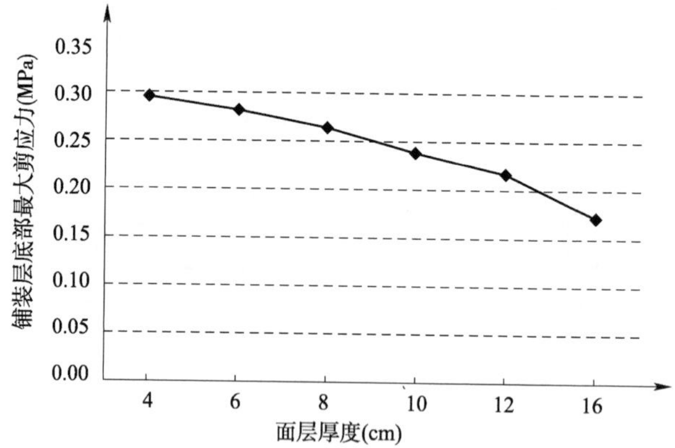

图 2-12 铺装层厚度对铺装层底部剪应力影响分析

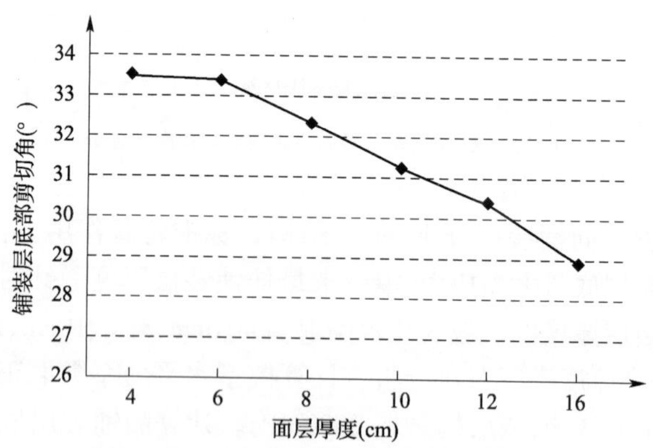

图 2-13 铺装层厚度对铺装层底部剪切角影响分析

由图 12-12 和图 12-13 可以看出，随着铺装层厚度的增大，铺装层底的最大剪应力和剪切角都随之减小；相比铺装模量，铺装厚度对层间剪应力和剪切角影响更大。因此，对于涂膜类黏结层材料，为了降低层间的剪应力和减小剪切角（较大正应力下的受剪状态），应适当提高铺装厚度。

2.3.5 卷材类黏结层受力分析

卷材类黏结层的分析和涂膜类的分析类似，荷载和模型尺寸一致，在铺装层和水泥板之间加一层卷材结构。对卷材类黏结层结构进行铺装层模量影响分析、铺装层厚度影响分析，以及卷材模量影响分析，对铺装层底面、卷材中部以及卷材底面进行剪应力计算，并得出剪切角。

（1）卷材模量影响分析

取卷材模量分别为 20MPa、40MPa、60MPa、80MPa 和 100MPa 五个模量进行对比分析。铺装厚度取 10cm，模量取 2000MPa。计算所得的不同卷材模量下卷材结构最大剪应力及剪切角见表 2-5 和图 2-14、图 2-15 。

不同卷材模量下卷材结构最大剪应力及剪切角 表 2-5

卷材模量（MPa）	铺装层底部		卷材中部		卷材底部	
	最大剪应力（MPa）	剪切角（°）	最大剪应力（MPa）	剪切角（°）	最大剪应力（MPa）	剪切角（°）
20	0.38741	27.55	0.02934	3.97	0.05255	7.17
40	0.36741	26.52	0.04586	6.19	0.06959	9.17
60	0.35328	25.81	0.05852	7.90	0.08231	10.63
80	0.34217	25.25	0.06892	9.30	0.09266	11.80
100	0.33296	24.78	0.07778	10.49	0.10143	12.78

由计算结果可以看出，对于铺设了卷材的桥面铺装系，在汽车荷载作用下最大剪应力出现在沥青铺装层与卷材层之间，与不设卷材的桥面系相比，剪应力数值偏大，卷材内部及卷材与桥面

间的剪应力较小。因此,车辆荷载的水平力主要由沥青铺装及铺装与卷材层间的剪应力承担。

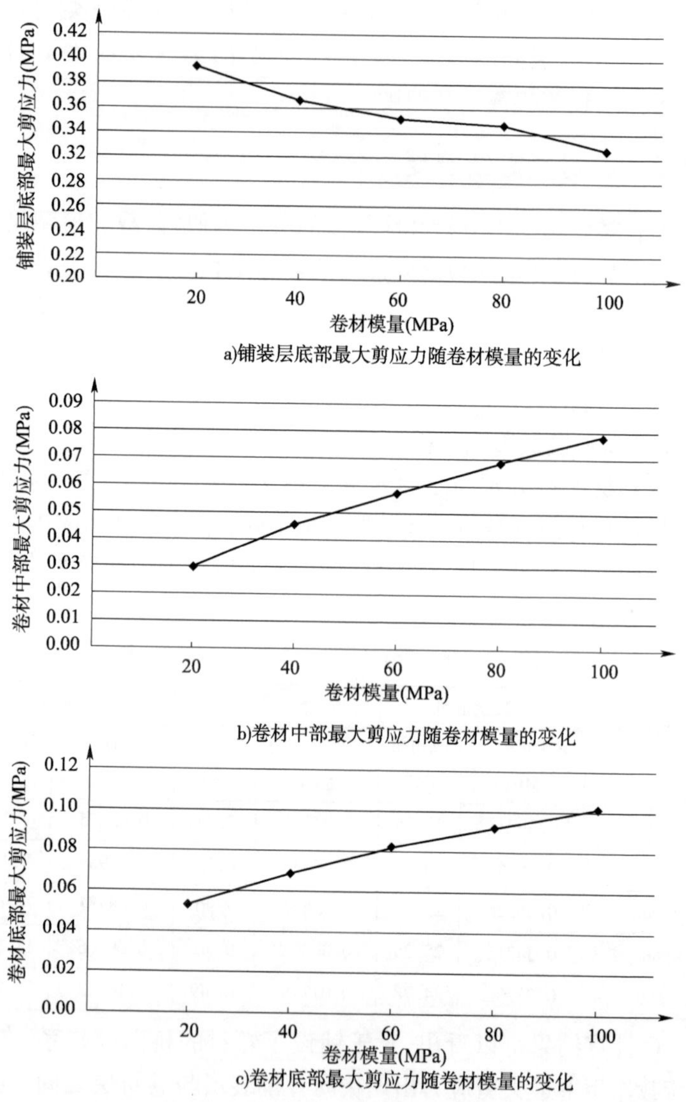

a)铺装层底部最大剪应力随卷材模量的变化

b)卷材中部最大剪应力随卷材模量的变化

c)卷材底部最大剪应力随卷材模量的变化

图 2-14　卷材模量对层底剪应力影响分析

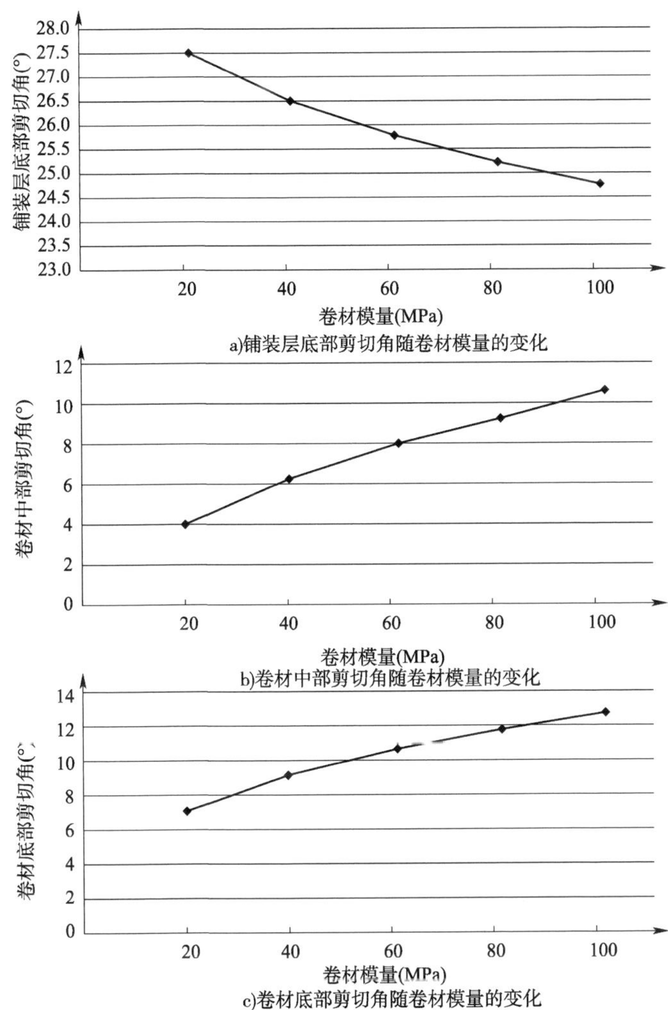

图 2-15　卷材模量对层底剪切角影响分析

随着卷材模量的增大,铺装层底部的最大剪应力及剪切角不断降低;卷材内部及底部的最大剪应力及剪切角则不断增大。因此,如果采用卷材作为桥面防水的结构形式,在选择卷材时要全面考虑铺装与卷材间、卷材自身及卷材与桥面间的剪应力。

(2)铺装层模量影响分析

取沥青混凝土模量分别为 800MPa、1800MPa、2800MPa、3800MPa 和 4800MPa 五个模量进行对比分析。铺装厚度取 10cm，卷材模量取 60MPa。计算所得的不同铺装层模量下卷材结构最大剪应力及剪切角见表 2-6 和图 2-16、图 2-17 。

不同铺装层模量下卷材结构最大剪应力及剪切角 表 2-6

铺装层模量(MPa)	铺装层底部		卷材中部		卷材底部	
	最大剪应力(MPa)	剪切角(°)	最大剪应力(MPa)	剪切角(°)	最大剪应力(MPa)	剪切角(°)
800	0.32186	24.00	0.09236	12.34	0.11615	14.64
1800	0.34997	25.60	0.06183	8.33	0.08569	11.02
2800	0.36368	26.50	0.04897	6.65	0.07244	9.50
3800	0.37322	27.22	0.04159	5.69	0.06459	8.61
4800	0.38096	27.86	0.03671	5.06	0.05924	8.03

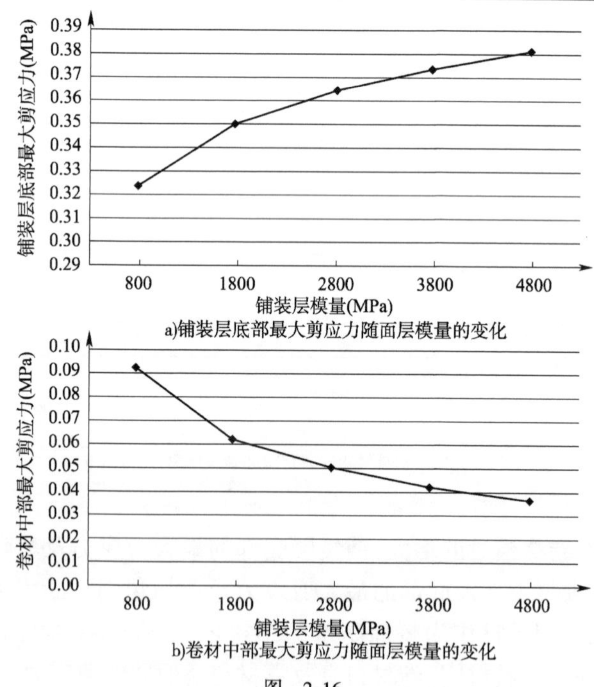

a)铺装层底部最大剪应力随面层模量的变化

b)卷材中部最大剪应力随面层模量的变化

图 2-16

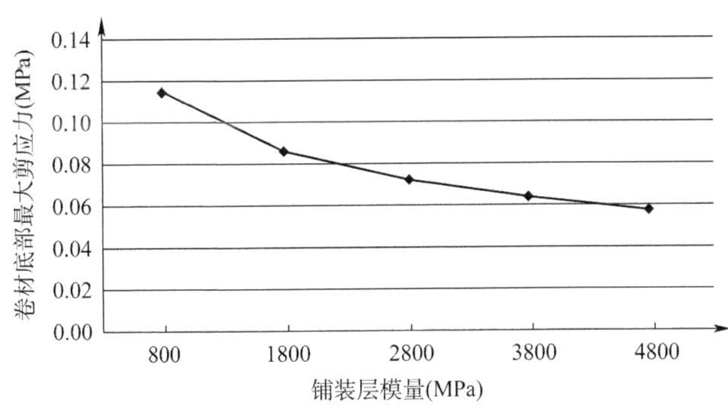

c)卷材底部最大剪应力随面层模量的变化

图 2-16 铺装层模量对层底剪应力影响分析

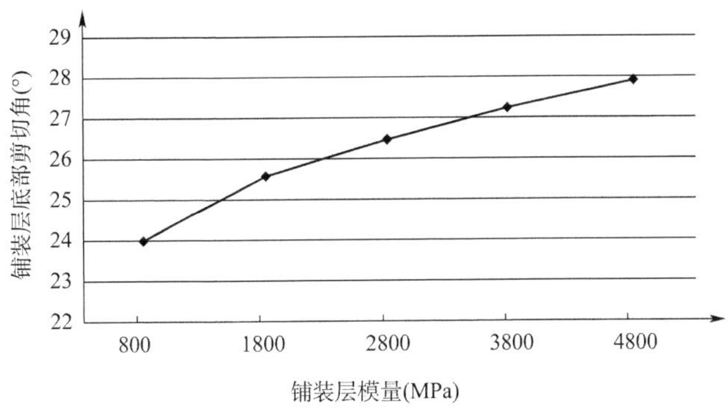

a)面层底部剪切角随面层模量的变化

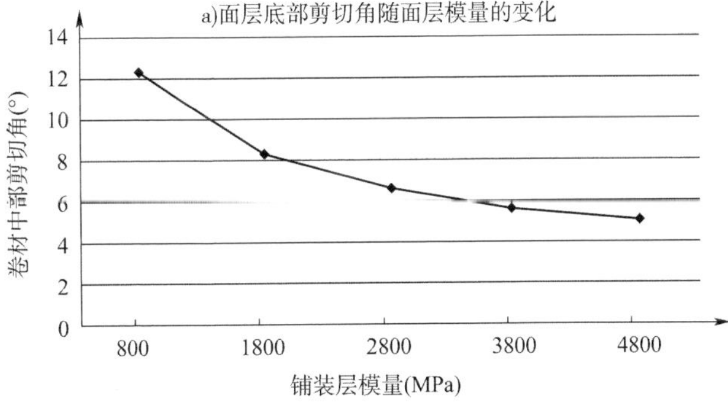

b)卷材中部剪切角随面层模量的变化

图 2-17

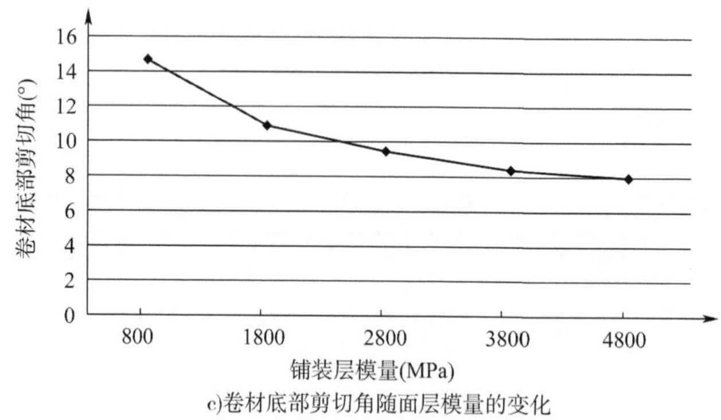

c)卷材底部剪切角随面层模量的变化

图 2-17 铺装层模量对层底剪切角影响分析

与前述分析类似,最大剪应力出现在铺装层与卷材层之间。随着铺装模量的增大,铺装层与卷材层间的剪应力不断增大,剪切角也有所增大;而卷材内部及卷材与桥面间的剪应力有所降低,这进一步说明了层次模量的差异对层间剪应力有较大影响。

(3)铺装层厚度影响分析

分析不同铺装厚度下,铺装结构在标准轮载作用下,沥青混凝土铺装层底最大剪应力,为铺装层厚度的合理选择提供依据。针对沥青混凝土铺装层,取 4cm、6cm、8cm、10cm 和 12cm 五个厚度进行对比分析。计算模型水平力系数取正常行驶条件下的 0.3,铺装层模量取 2000MPa。计算所得的不同铺装层厚度下卷材结构最大剪应力及剪切角见表 2-7 和图 2-18、图 2-19 。

不同铺装层厚度下卷材结构最大剪应力及剪切角 表 2-7

铺装层厚度(cm)	铺装层底部		卷材中部		卷材底部	
	最大剪应力(MPa)	剪切角(°)	最大剪应力(MPa)	剪切角(°)	最大剪应力(MPa)	剪切角(°)
4	0.48953	34.92	0.08147	11.17	0.13480	12.34
6	0.38921	30.77	0.07189	9.23	0.11163	11.35
8	0.36872	26.49	0.06460	8.34	0.09509	10.84
10	0.35328	25.81	0.05852	7.90	0.08231	10.63
12	0.33061	26.67	0.05325	7.67	0.07202	10.46

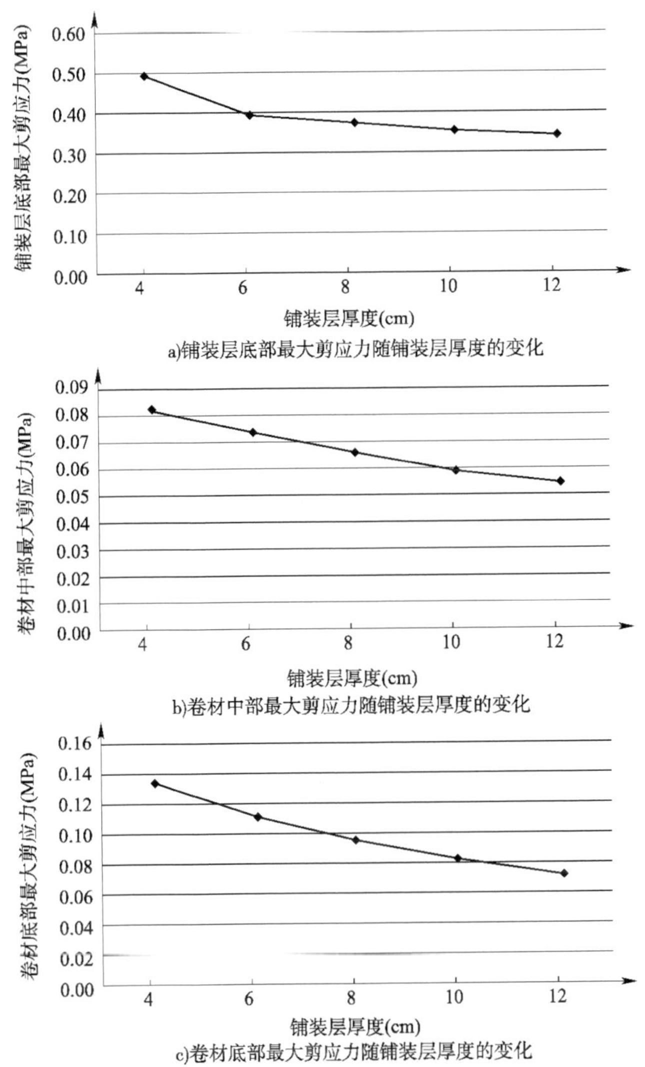

a)铺装层底部最大剪应力随铺装层厚度的变化

b)卷材中部最大剪应力随铺装层厚度的变化

c)卷材底部最大剪应力随铺装层厚度的变化

图 2-18　铺装层厚度对层底剪应力影响分析

由表 2-7、图 2-18 和图 2-19 可以看出，随着铺装层厚度的增大，铺装层底、卷材中部以及卷材底部的最大剪应力都随之减小，铺装层底部、卷材中部和卷材底部的剪切角也随之减小，这对桥面铺装的抗剪是有利的。

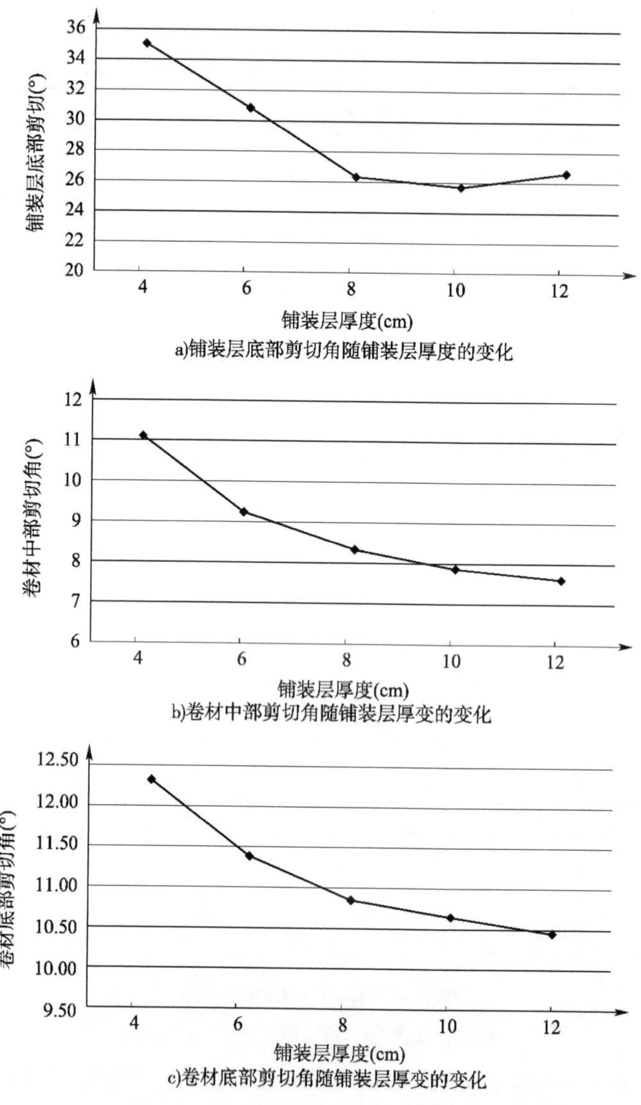

a)铺装层底部剪切角随铺装层厚度的变化

b)卷材中部剪切角随铺装层厚变的变化

c)卷材底部剪切角随铺装层厚变的变化

图 2-19　铺装层厚度对层底剪切角影响分析

2.3.6 水平力荷载对剪应力的影响

汽车在路面上行驶时,不同的行驶速度和行驶状态下,对路面产生的水平力不同,如正常行驶水平力系数一般取0.3,紧急制动时水平力系数一般取0.5。为此分析了涂膜类桥面黏结层在不同水平力系数下的计算结果,如表2-8所示。计算模型的铺装层模量取值为2000MPa,厚度取6cm,轮胎压强取标准轴载下的0.707MPa。

不同水平力系数时层间剪应力及剪切角　　表2-8

水平力系数	0	0.3	0.5	0.7	1
层间最大剪应力(MPa)	0.183	0.287	0.346	0.417	0.528

由表2-8可以看出,随着水平力系数的增大,层间最大剪应力也有所增大,这对黏结层提出了更高的要求。

2.3.7 轮胎胎压对剪应力的影响

高速公路上行驶的车辆车型不一,轴载相差也较大,而且由调查可知,我国车辆运输中大型货运车辆的比重不断增加,且车辆超载现象十分普遍。由于汽车超载,造成了路面早期破坏,并造成较大经济损失和不良的社会影响。因此,有必要分析不同轴载下轮胎压力对桥面铺装的影响,表2-9给出了不同轮胎压强下的计算结果。计算中,铺装层模量取2000MPa,水平力系数取0.3,铺装厚度取6cm,胎压分别取正常胎压的不同倍数。

不同轮胎压强计算结果　　表2-9

轮胎压强(MPa)	0.707	0.848	0.990	1.131	1.414
层间最大剪应力(MPa)	0.287	0.323	0.364	0.406	0.448

计算结果表明,层间剪应力随着轮胎压强的不断增大而迅速增大,基本呈线性增长,因此车辆超载对防水黏结层的抗剪提出了更高的要求。

2.4 小结

通过对张石高速公路典型桥梁桥面铺装进行整桥和局部梁段的力学分析,可以得到以下结论:

(1)整桥结构在车队加载的极限荷载作用下,桥面混凝土顶面负弯矩区一般会出现拉应力(而梁段中部主要出现压应力),虽然拉应力数值较小,但是在温缩应力的共同作用下,桥面板不可避免会出现开裂,从而导致沥青面层在对应位置出现反射裂缝。

(2)对卷材类和涂膜类桥面防水黏结层在车辆荷载作用下的剪应力进行了分析。大量计算表明,设置柔性的卷材类防水黏结层导致剪应力积聚在沥青铺装层与卷材层间,是桥面铺装的薄弱环节,最大剪应力比涂膜类黏结层对应的剪应力大。

(3)已有研究在对桥面防水黏结层进行室内评价试验时,剪切试验的角度一般采用固定的40°,而不同荷载、不同铺装参数下最大剪应力位置剪切角是变化的,计算表明,该角度在25°~35°之间,可为黏结层材料的试验选择提供依据。

(4)铺装层材料及结构参数、荷载参数对桥面防水黏结层的剪应力有较大影响。随着铺装厚度的增大,剪应力减小,对设防水卷材黏结层的铺装结构,铺装厚度小于6cm对层间抗剪是不利的;对不同的层间黏结材料,铺装模量对层间剪应力的影响是不同的,但总体影响没有铺装厚度的影响明显;紧急制动及重载将大大增加层间的剪应力,对黏结层的抗剪能力提出了更高的要求。

3 桥面铺装面层沥青混合料性能研究

3.1 桥面铺装上、中面层原材料性能测试

桥面铺装的上面层直接同行车和大气接触,承受较大的行车荷载的垂直力、水平力和冲击力的作用,同时还受到降水的浸蚀和气温变化的影响。因此,需要有较高的结构强度和抗变形能力,较好的水稳定性和温度稳定性,而且应当耐磨,不透水,表面有良好的抗滑性和平整度。为此,上面层的各种原材料都必须优选,确保质量。此外,上面层沥青混合料中需要掺入沥青抗剥落剂提高混合料的抗水损性能,其用量为沥青用量的0.4%。

中面层一般处于受压的状态,因此中面层的抗车辙能力是首要考虑的因素;同时由于桥面铺装对桥面板要有保护作用,必须防止雨水进入桥体,因此防水体系也必须重视,一般通过设置良好的防水黏结层或者提高中面层的密实性来解决。

鉴于这两个考虑,为了提高混合料的高温稳定性,主要通过选择合理的级配和胶结料来实现;其次为了实现密水效果,考虑降低混合料的孔隙率,实现铺装层防水,但这需要对混合料的高温性能采取一定的补救措施,如采用纤维等。

3.1.1 沥青

试验路上面层沥青混合料采用工地 SBS 改性热沥青,其测试指标见表3-1。

由检测结果可以看出,试验指标基本满足规范要求,但根据课题组研究的经验,其软化点显著偏低,60℃动力黏度也较低,这

对高温性能是不利的。为此,课题组采购了韩国 SK 公司新开发的高强度复合改性沥青,拟用于改善铺装层的高温性能。高强沥青技术指标如表 3-2 所示。

工地 SBS 改性热沥青技术指标检验结果 表 3-1

<table>
<tr><th colspan="2">试验项目</th><th>SBS 改性热沥青</th><th>技术要求</th><th>试验方法</th></tr>
<tr><td rowspan="3">针入度
(100g,5s)
(0.1mm)</td><td>15℃</td><td>23</td><td>实测</td><td rowspan="4">T 0604—2000</td></tr>
<tr><td>25℃</td><td>62.7</td><td>60 ~ 80</td></tr>
<tr><td>30℃</td><td>95.3</td><td>实测</td></tr>
<tr><td colspan="2">针入度指数(PI)</td><td>-0.2439</td><td>≥ -0.4</td></tr>
<tr><td colspan="2">延度(5℃)(cm)</td><td>42.5</td><td>≥30</td><td>T 0605—1993</td></tr>
<tr><td colspan="2">弹性恢复(%)</td><td>84</td><td>≥65</td><td>T 0662—2000</td></tr>
<tr><td colspan="2">软化点(℃)</td><td>59.5</td><td>≥55</td><td>T 0606—2000</td></tr>
<tr><td colspan="2">溶解度(%)</td><td>99.73</td><td>≥99.0</td><td>T 0607—1993</td></tr>
<tr><td rowspan="3">TFOT
(163℃,5h)</td><td>质量损失(%)</td><td>+0.022</td><td>≤0.8</td><td>T 0609—1993</td></tr>
<tr><td>针入度比(%)</td><td>76.6</td><td>≥60</td><td>T 0604—2000</td></tr>
<tr><td>延度(5℃)(cm)</td><td>22.1</td><td>≥20</td><td>T 0605—1993</td></tr>
<tr><td colspan="2">闪点(℃)</td><td>316</td><td>≥230</td><td>T 0611—1993</td></tr>
<tr><td colspan="2">密度(25℃)</td><td>1.02</td><td>≥1.00</td><td>T 0603—1993</td></tr>
<tr><td colspan="2">动力黏度(60℃)(Pa·s)</td><td>1095</td><td>实测</td><td>T 0620—2000</td></tr>
<tr><td colspan="2">布氏黏度(135℃)(Pa·s)</td><td>1.6</td><td>实测</td><td>T 0625—2000</td></tr>
<tr><td colspan="2">黏韧性(N·m)</td><td>2.200</td><td>实测</td><td>T 0624—1993</td></tr>
<tr><td colspan="2">韧性(N·m)</td><td>1.759</td><td>实测</td><td>T 0624—1993</td></tr>
<tr><td colspan="2">离析软化点差(℃)</td><td>1.1</td><td>≤2.5</td><td>T 0661—2000</td></tr>
</table>

高强沥青技术指标检验结果 表 3-2

<table>
<tr><th colspan="2">试验项目</th><th>高强沥青</th><th>技术要求</th><th>试验方法</th></tr>
<tr><td rowspan="3">针入度
(100g,5s)
(0.1mm)</td><td>15℃</td><td>11</td><td>实测</td><td rowspan="4">T 0604—2000</td></tr>
<tr><td>25℃</td><td>26.3</td><td>60 ~ 80</td></tr>
<tr><td>30℃</td><td>37.3</td><td>实测</td></tr>
<tr><td colspan="2">针入度指数(PI)</td><td>+0.77</td><td>≥ -0.4</td></tr>
</table>

续上表

试验项目		高强沥青	技术要求	试验方法
延度(5℃)(cm)		0.2	≥30	T 0605—1993
弹性恢复(%)		81	≥65	T 0662—2000
软化点(℃)		72.0	≥55	T 0606—2000
溶解度(%)		99.83	≥99.0	T 0607—1993
TFOT (163℃,5h)	质量损失(%)	-0.05	≤0.8	T 0609—1993
	针入度比(%)	76.0	≥60	T 0604—2000
	延度(5℃)(cm)	0	≥20	T 0605—1993
闪点(℃)		312	≥230	T 0611—1993
密度(25℃)		1.032	≥1.00	T 0603—1993
动力黏度(60℃)(Pa·s)		5718	实测	T 0620—2000
布氏黏度(135℃)(Pa·s)		3.1	实测	T 0625—2000
黏韧性(N·m)		11.3	实测	T 0624—1993
韧性(N·m)		5.1	实测	T 0624—1993
离析软化点差(℃)		1.2	≤2.5	T 0661—2000

由检测结果可以看出,高强度沥青在高温性能方面有很大提高,表现在针入度减少,软化点升高,60℃动力黏度增大。但是由于三大指标体系不能完全表征沥青的路用性能,因此有必要对其进行进一步深入分析。

美国SHRP沥青结合料规范对于沥青技术指标体系进行了根本性变革,把沥青的指标与路用性能紧密联系起来,并考虑了沥青感温特性、供用道路交通荷载组成水平、路用性能分类(高温、低温、中温)、沥青老化前后性质变化等因素。它的显著特色是不再采用“固定温度进行试验而改变标准值”的办法,而是采用“标准值不变而改变试验温度”的办法。即“标准是一致的,条件是不同的”。不管建设项目在什么地方,都期望得到同样良好的沥青性能,而达到此良好的性能条件则是不同的。

SHRP沥青胶结料规范将沥青分为4个等级和21个亚级(表

3-3），4 个等级为 PG52、PG58、PG64、PG70，亚级从 –10℃ 到 –4℃，每 6℃一档。PG 是 Performance Grade 的缩写，表示路用性能，分级直接采用设计使用温度表示适用范围。

胶结料等级划分 表 3-3

高温等级	低温等级（℃）
PG46	–34，–40，–46
PG52	–10，–16，–22，–34，–40，–46
PG58	–16，–22，–28，–34，–40
PG64	–10，–16，–22，–28，–34，–40
PG70	–10，–16，–22，–28，–34，–40
PG76	–10，–16，–22，–28，–34
PG82	–10，–16，–22，–28，–34

例如 PG64-22，前面的数字 64 为高温级，其意义是该沥青能适应至少高到 64℃路面温度的物理特性，同样后面的数字 –22 为低温级，意即该沥青可以适应路面温度至少降至 –22℃时的物理特性。

该标准的主要特色是：在三个临界阶段做沥青试验，一是以沥青于高温级时在动态剪切流变仪上测沥青的动态剪切模量，相位角的试验，其标准值是 $G^*/\sin\delta \geq 1.0$kPa，以此代表运输、储存和装卸的基本要求；二是将该沥青经旋转薄膜烘箱加热后在高温级温度下做动态剪切试验，其标准值是 $G^*/\sin\delta \geq 2.2$kPa，以此代表沥青在拌和及铺筑过程短期老化的沥青性能要求，以防车辙；三是经过旋转薄膜烘箱老化后的残留物再经过 100℃（或 90℃、110℃）高温下压力老化后（PAV）的残留物在常温条件下做动态剪切试验（DSR 试验），其标准值是 $G^*/\sin\delta < 5000$kPa，以此代表长期老化过程，模拟路面服务性年份中老化与疲劳的性能要求，以防止疲劳开裂。

另外，在路面最低温度级加 10℃条件下，在弯曲梁流变仪上测沥青的蠕变劲度 S 和蠕变速率 m，要求 $S < 300$MPa 和 $m \geq 0.3$。如果测定的结果 $S > 300$MPa，则还需在最低温度加 10℃条件下做直接拉伸试验,要求破坏应变 $\varepsilon \leq 1.0\%$。以此判断该沥青在该地区是否有抵抗最低路面温度时的性能,以防止低温开裂。Superpave 胶结料老化条件与指标见表 3-4。

Superpave 胶结料老化条件与指标 表 3-4

试验	胶结料条件	指标	标准值
动态剪切流变仪(10rad/s)	初始胶结料	复数剪切模量 G^* 和相位角 δ	$G^*/\sin\delta \geq 1.0$kPa
	RTFOT 老化胶结料		$G^*/\sin\delta \geq 2.2$kPa
	PAV 老化胶结料		$G^*/\sin\delta \leq 5000$kPa
布氏黏度计	初始胶结料	135℃黏度	≤3Pa·s
低温弯曲梁流变仪(BBR)	PAV 老化胶结料	60s 时的蠕变劲度 S	≤300MPa
		斜率 m	≥0.3
直接拉伸仪(DTT)	PAV 老化胶结料	破坏应变 ε	≥1%

应用 SHARP 分级试验,对工地 SBS 改性沥青进行检测,动态剪切试验结果如表 3-5 所示,低温 BBR 试验如表 3-6 所示。

工地 SBS 改性沥青动态剪切试验结果 表 3-5

试验名称	温度(℃)	试验数据	平均值	技术要求
原样动态剪切 $G^*/\sin\delta$	70	2.167	2.168	≥1kPa
		2.168		
		2.169		
	76	1.270	1.269	
		1.268		
		1.269		
薄膜老化动态剪切 $G^*/\sin\delta$	70	3.372	3.374	≥2.2KPa
		3.374		
		3.375		
	76	1.918	1.917	
		1.917		
		1.916		

续上表

试验名称	温度(℃)	试验数据	平均值	技术要求
PAV 后动态剪切试验 $G^*/\sin\delta$	70(28)	1143	1141	≤5000KPa
		1141		
		1138		
	76(31)	735.4	731.3	
		730.5		
		728.1		

工地 SBS 改性沥青低温流变量弯曲试验结果 表 3-6

试验项目	指标	试验数据	平均值	技术要求
蠕变劲度 -22(-12℃)	S	105	96.4	≤300MPa
		93.5		
		90.7		
	m	0.364	0.364	≥0.300
		0.363		
		0.365		

由以上试验结果可以看出,工地提供的 SBS 改性沥青 PG 等级为 PG70-22,对于张家口坝下地区夏季高温季节较长的地区,其高温稳定性储备不足。

对高强沥青也进行 PG 分级检测,动态剪切结果如表 3-7 所示,低温 BBR 试验结果如表 3-8 所示。

高强沥青动态剪切试验结果 表 3-7

原样动态剪切 $G^*/\sin\delta$	60	21.93	≥1kPa
	70	8.04	
	76	5.28	
	82	2.96	
薄膜老化动态剪切 $G^*/\sin\delta$	70	6.82	≥2.2kPa
	76	4.20	
	82	2.21	

续上表

PAV 后动态剪切试验 $G^*/\sin\delta$	28	12249.81	≤5000kPa
	31	7127.09	
	34	4570.94	

高强沥青低温流变量弯曲试验结果 表 3-8

温度(℃)	-16(-6)	-22(-12)	-28(-18)	技术要求
S	122	257	304	≤300MPa
m	0.339	0.277	0.211	≥0.300

可以看出,高强沥青适用于 PG 等级为 PG 82-16 的地区,其高温稳定性能十分优异。

3.1.2 集料

上、中面层集料采用工地用石料,检测结果如表 3-9 ~ 表 3-11 所示。

上面层玄武岩粗集料技术指标检验结果 表 3-9

试验项目		试验结果	技术要求	试验方法
压碎值(%)		15.0	≤25	T 0316—2000
洛杉矶磨耗损失(%)		10.2(C 级)	≤28	T 0317—2000
视密度(g/cm^3)	1 号	2.895	≥2.600	T 0308—2000
	2 号	2.872		
吸水率(%)	1 号	1.67	≤2.0	
	2 号	1.92		
针片状含量(%)	1 号	3.6	≤15	T 0312—2000
	2 号	0		
水洗法 <0.075mm 颗粒含量(%)	1 号	0.60	≤1.0	T 0302—2000
	2 号	0.55		
与沥青的黏附性(级)		5	≥4	T 0616—1993

层石灰岩粗集料技术指标检验结果 表3-10

试验项目		试验结果	技术要求	试验方法
压碎值(%)		16.3	≤28	T 0316—2000
洛杉矶磨耗损失(%)		15.0	≤30	T 0317—2000
视密度(g/cm³)	1号	2.807	≥2.500	T 0308—2000
	2号	2.806		
吸水率(%)	1号	0.36	≤2.0	
	2号	0.47		
针片状含量(%)	1号	6.4	≤15	T 0312—2000
	2号	4.2		
水洗法<0.075mm颗粒含量(%)	1号	0.75	≤1.0	T 0302—2000
	2号	0.45		
与沥青的黏附性(级)		5	≥4	T 0616—1993

上、中面层玄武岩细集料技术指标检验结果 表3-11

试验项目		试验结果	技术要求	试验方法
视密度(g/cm³)	3号	2.774	≥2.500	T 0330—2000
	4号	2.766		
砂当量(%)		88	≥60	T 0334—1994

由检测结果可以看出,集料性能均满足规范要求。

3.1.3 矿粉

矿粉检测结果如表3-12所示,各项指标均满足规范要求。

上、中面层矿粉的试验指标与技术要求 表3-12

试验项目		试验结果	技术要求	试验方法
视密度(g/cm³)		2.706	≥2.500	T 0352—2000
含水率(%)		0.83	≤1.0	T 0332—1994
粒度范围	<0.6mm(%)	100	100	T 0308—2000
	<0.15mm(%)	93.5	90~100	
	<0.075mm(%)	93.0	75~100	T 0616—1993

续上表

试验项目	试验结果	技术要求	试验方法
外观	无团粒结块	无团粒结块	—
亲水系数	0.57	<1.0	T 0358—2000

3.1.4 纤维稳定剂

对于 SMA 沥青混凝土,配合比设计时掺加了一定量的木质素纤维作为纤维稳定剂,以提高 SMA 的骨架密实性。对于部分沥青混合料则添加了聚酯纤维。

3.2 桥面铺装沥青上面层配比设计

3.2.1 上面层配合比设计

1)集料级配组成设计

4 种集料的规格分别为:1 号(4.75 ~ 13.2mm)、2 号(2.36 ~ 4.75mm)、3 号(1.18 ~ 2.36mm)、4 号(0 ~ 2.36mm)。根据筛分结果进行级配组成设计,汇总如表 3-13 和图 3-1 所示。

上面层级配组成设计 表 3-13

筛孔尺寸(mm)	16	13.2	9.5	4.75	2.36	1.18	0.6	0.3	0.15	0.075
SMA-13 合成级配	100.0	97.0	66.6	27.7	25.2	20.6	16.8	13.8	11.5	9.3
SMA-13 级配上限	100.0	100.0	75.0	34.0	26.0	24.0	20.0	16.0	15.0	12.0
SMA-13 级配下限	100.0	90.0	50.0	20.0	15.0	14.0	12.0	10.0	9.0	8.0
AC-13C 合成级配	100.0	98.3	80.9	52.5	36.3	26.8	19.0	13.1	9.7	7.3
AC-13C 目标级配	100.0	95.0	76.5	53.0	37.0	26.5	19.0	13.5	10.0	6.0
工地 AC-13F 合成级配	100.0	98.9	87.5	53.0	31.8	23.7	17.0	11.9	9.0	6.8
AC-13 级配上限	100.0	100.0	85.0	68.0	50.0	38.0	28.0	20.0	15.0	8.0
AC-13 级配下限	100.0	90.0	68.0	38.0	24.0	15.0	10.0	7.0	5.0	4.0

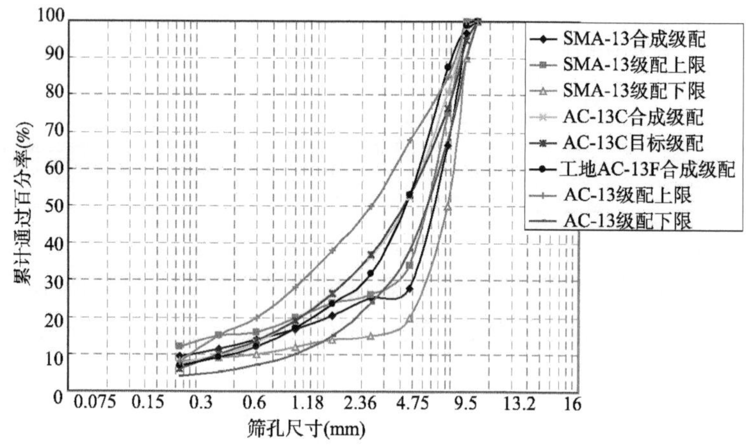

图 3-1 上面层级配合成曲线

2)最佳油石比的确定

对于密级配 AC 沥青混合料,为确定沥青混合料的油石比(Optimum Asphalt Content,简称 OAC),常用的试验方法是马歇尔法。我国确定沥青最佳用量的方法,是在马歇尔法和美国地沥青学会方法的基础上,结合我国多年研究成果和生产实践总结发展起来的,主要步骤为:

(1)在推荐的油石比范围内,以 0.5% 间隔变化,成型 5 种不同油石比的试件,击实次数为双面 75 次。

(2)进行马歇尔试验,测定试件稳定度和流值,同时测定并计算试件的空隙率、饱和度及矿料间隙率。

(3)按照施工规范规定的方法确定最佳油石比。

对于 SMA,最佳油石比的确定方法与 AC 有所不同,除了马歇尔试验外,还要进行析漏试验和飞散试验进行验证,而且马歇尔双面击实次数要调整为 50 次,油石比范围为 4.5% ~6.5% ,采用 0.5% 的间隔变化,各项技术指标也相应有所变化。

经过试验检测,上面层各种沥青混合料的最佳油石比汇总如表 3-14 所示 。

上面层沥青混合料最佳油石比 表 3-14

级配	沥青	纤维	目标空隙率	最佳油石比
SMA-13	工地热沥青	不加	4.0%	6.1
AC-13C	工地热沥青	不加	5.0%	4.9
AC-13C	工地热沥青	不加	4.0%	4.9
AC-13C	工地热沥青	加	4.0%	5.2
AC-13C	高强沥青	不加	4.0%	5.1
工地 AC-13F	工地热沥青	不加	5.0%	5.1

3.2.2 中面层配合比设计

1)集料级配组成设计

4 种集料的规格分别为:1 号(4.75 ~13.2mm)、2 号(2.36 ~4.75mm)、3 号(1.18 ~2.36mm)、4 号(0 ~2.36mm)。根据筛分结果进行级配组成设计,汇总如表 3-15 和图 3-2 所示。

中面层级配组成设计 表 3-15

筛孔尺寸(mm)	26.5	19	16	13.2	9.5	4.75	2.36	1.18	0.6	0.3	0.15	0.075
AC-20C 合成级配	100.0	97.9	86.4	74.7	59.9	43.1	29.2	21.8	15.8	11.2	8.5	6.5
AC-20C 目标级配	100.0	98.0	86.0	73.0	58.0	40.0	30.0	22.0	16.0	11.0	7.0	4.0
AC-20F 合成级配	100.0	98.4	89.7	80.9	69.4	55.0	39.9	29.3	20.6	14.1	10.3	7.7
AC-20F 目标级配	100.0	98.0	88.0	79.0	67.0	53.0	40.0	29.0	21.0	14.0	9.0	5.0
工地 AC-20 合成级配	100.0	98.2	88.4	78.4	64.9	44.4	27.4	20.6	15.0	10.8	8.2	6.3
AC-20 级配上限	100.0	100.0	92.0	80.0	72.0	56.0	44.0	33.0	24.0	17.0	13.0	7.0
AC-20 级配下限	100.0	90.0	78.0	62.0	50.0	26.0	16.0	12.0	8.0	5.0	4.0	3.0

2)最佳油石比的确定

方法与上面层密级配相同,中面层各种沥青混合料的最佳油石比汇总如表 3-16 所示。

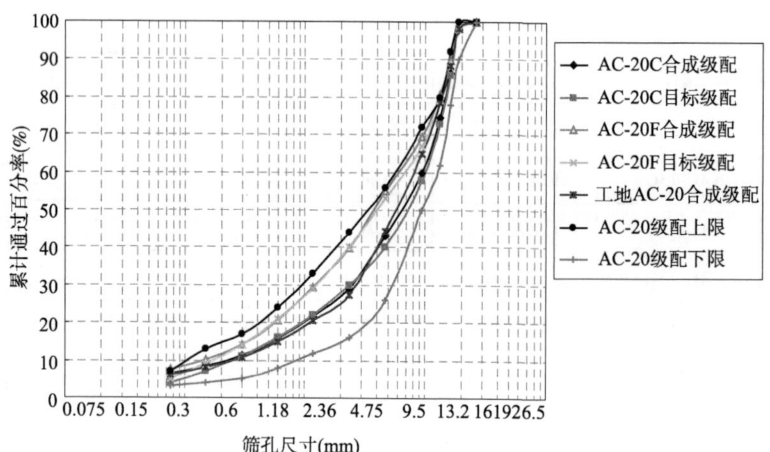

图 3-2　中面层级配合成曲线

中面层沥青混合料最佳油石比　　　　表 3-16

级配	沥青	纤维	目标空隙率	最佳油石比
AC-20C	工地热沥青	不加	5.0%	4.1
AC-20F	工地热沥青	不加	5.0%	4.3
工地 AC-20	工地热沥青	不加	5.0%	4.3
AC- －20C	工地热沥青	不加	4.0%	4.2
AC-20C	工地热沥青	加	4.0%	4.3
AC-20C	高强沥青	不加	5.0%	4.1
AC-20C	高强沥青	不加	4.0%	4.4

3.3　桥面铺装上、中面层性能试验

3.3.1　水稳定性试验

沥青混合料的水稳定性是指混合料抵抗受水侵蚀后产生的沥青膜剥落、掉粒和坑槽等破坏的能力。评价水稳定性的方法是测定沥青混合料在浸水前后力学性能的变化,以浸水后的力学性

质和原性质的对比作为对剥落的间接量度，沥青混合料在饱水的情况下强度降低越小说明水稳定性越好。本书通过浸水马歇尔试验和冻融劈裂试验来评价混合料的水稳定性。

浸水马歇尔试验用于检验沥青混合料受水损害时抵抗剥落的能力。试验方法主要参照 T 0709—2000，对于两种混合料，分别按最佳油石比成型马歇尔试件（每面击打 75 次），试件分为两组，每组 4 个。一组在 60℃ 恒温水槽中保养 30 ~ 40min 后测定马歇尔稳定度 MS，另一组在 60℃ 恒温水槽中的保温 48h 后测其马歇尔稳定度 MS_1，试件的浸水残留稳定度按照式(3-1)计算：

$$MS_0 = \frac{MS_1}{MS} \times 100\% \tag{3-1}$$

式中：MS_0——试件的浸水残留稳定度(%)；

MS_1——试件浸水 48h 后的稳定度(kN)；

MS——试件的稳定度(kN)。

冻融劈裂试验通过测定混合料试件在受到水损害前后劈裂破坏的强度比，来评价沥青混合料的水稳定性。它比一般的浸水试验条件更为苛刻，但也不同于抗冻性试验，用于评价抗冻性的冻融循环试验次数要多达数十次或数百次。所以它虽然是冻融循环试验，但由于是为了评价水稳定性，因此也适用于南方非冰冻地区。

试验方法主要参照 T 0729—2000，两种沥青混合料分别按最佳油石比成型标准马歇尔试件（为保证试件有足够的大孔隙，每面只击打 50 次），每种试件均分为两组，每组 4 个。第一组试件在室温下保存备用；第二组试件先以标准的饱水试验方法真空饱水，再放入塑料袋中加入约 10mL 水，扎紧袋口，将试件放入 -18℃ 的冰箱保持 16h，取出试件立即放入已保持为 60℃ 的恒温水槽中，撤去塑料袋，保持 24h。然后，将两组试件全部浸入温度为 25℃ 的恒温水槽中至少 2h。取出试件立即进行劈裂试验，得到最大荷载。冻融劈裂抗拉强度比按式(3-2)计算：

$$TSR = \frac{R_{T2}}{R_{T1}} \times 100\% \qquad (3\text{-}2)$$

式中：TSR——冻融劈裂强度比(%)；

R_{T1}——未冻融循环的第一组试件的劈裂抗拉强度(MPa)；

R_{T2}——冻融循环后第二组试件的劈裂抗拉强度(MPa)。

上、中面层水稳定性试验结果如表 3-17 ~ 表 3-20 所示。

上面层沥青混合料浸水马歇尔试验结果 表 3-17

沥青混合料类型	正常稳定度 MS(kN)	浸水稳定度 MS_1(kN)	残余稳定度 MS_0(%)	技术要求(%)(抗滑表层)
AC-13C	18.2	16.1	88.2	≥85
工地 AC-13F	18.9	16.5	87.3	
SMA-13	14.5	12.6	87.0	
AC-13C (4%)	13.2	12.7	96	
AC-13C (4%) + 纤维	15.8	15.0	95	
AC-13C 高强(4%)	18.3	17.1	93	

上面层沥青混合料冻融劈裂强度试验结果 表 3-18

沥青混合料类型	未冻融循环 R_{T1}(MPa)	冻融循环后 R_{T2}(MPa)	冻融劈裂强度比 TSR(%)
AC-13C	0.48	0.47	97
工地 AC-20F	0.46	0.39	85
SMA-13	0.44	0.33	75
AC-13C (4%)	0.49	0.48	98
AC-13C (4%) + 纤维	0.46	0.44	94
AC-13C 高强(4%)	0.88	0.76	87

由表 3-17 和表 3-18 可以看出：

(1)6 种上面层沥青混合料的浸水残留稳定度均大于规范要求，说明水稳性能较好；并且，随着油石比增加，孔隙率降低，残余稳定度也更高。

(2)6 种上面层沥青混合料的冻融劈裂强度比也均大于规范要求，并且也有随着油石比增大而增大的趋势。

中面层沥青混合料浸水马歇尔试验结果 表 3-19

沥青混合料类型	正常稳定度 *MS*(kN)	浸水稳定度 MS_1(kN)	残余稳定度 MS_0(%)	技术要求(%)
AC-20C	17.6	14.7	84	≥80
AC-20F	18.1	16.0	89	
工地 AC-20	20.4	18.0	88	
AC－20C 低孔隙	18.0	14.6	81	
AC-20C（4%）+纤维	14.5	13.4	93	
AC-20C 高强(正常)	22.3	21.0	94	
AC-20C 高强(4%)	23.2	20.5	88	

中面层沥青混合料冻融劈裂强度试验结果 表 3-20

沥青混合料类型	未冻融循环 R_{T1}(MPa)	冻融循环后 R_{T2}(MPa)	冻融劈裂强度比 *TSR*(%)
AC-20C	0.63	0.58	92
AC-20F	0.75	0.67	90
工地 AC-20	0.53	0.45	84
AC-20C 低孔隙	0.57	0.55	95.21
AC-20C（4%）+纤维	0.59	0.56	95.78
AC-20C 高强(正常)	0.85	0.81	94.59
AC-20C 高强(4%)	0.99	0.92	92.45

由表 3-19 和表 3-20 可以看出：

(1)7 种中面层混合料的浸水残留稳定度均在 80% 以上，大于规范要求的 75%；随沥青用量增加孔隙率降低，混合料的水稳性能也有所增强；特种高弹沥青混合料的水稳性很好。

(2)不管是浸水稳定度试验还是冻融劈裂试验都表明这几种混合料的水稳性能为优良。

3.3.2 高温稳定性试验

高温稳定性主要是指沥青混合料在荷载作用下抵抗永久变

形的能力。由于沥青混凝土路面的高温稳定性的问题主要表现为车辙,我国《公路工程沥青及沥青混合料试验规程》(JTJ 052－2000)❶推荐采用车辙试验评价混合料的高温性能。

试验方法主要参照T 0729—2000：将两种沥青混合料按最佳油石比以轮碾法成型300mm×300mm×50mm的板式试件,在60℃温度下,以轮压为0.7MPa的实心橡胶轮做一定时间的反复碾压,形成车槽,以车辙板的辙槽深度*RD*(总变形量)和动稳定度*DS*(每产生1mm辙槽所需的碾压次数)作为混合料的抗车辙能力的评价指标。试件的动稳定度按式(3-3)计算。

$$DS=\frac{(t_2-t_1)\cdot N}{d_2-d_1}\cdot C_1\cdot C_2 \tag{3-3}$$

式中:*DS*——沥青混合料的动稳定度(次/mm);

d_1——对应时间 t_1 的变形量(mm);

d_2——对应时间 t_2 的变形量(mm);

C_1——试验机类型修正系数;

C_2——试件系数;

N——试验轮往返碾压速度,通常为42次/min。

上面层混合料车辙试验结果见表3-21。

上面层混合料车辙试验结果 表3-21

沥青混合料类型	动稳定度(次/mm)	总变形量(mm)
AC-13C	4267	1.411
工地AC-13F	3051	1.675
SMA-13	4675	1.911
AC-13C (4%)	3104	3.189
AC-13C (4%)+纤维	3757	2.375
AC-13C高强(4%)	7541	1.294

从表3-21可以看出:

❶ 已被《公路工程沥青及沥青混合料试验规程》(JTG E20—2011)替代,该规范于2011年12月1日实施。

(1)6 种密级配混合料的动稳定度均大于规范要求的 3000 次/mm,但总变形量相差较大。对于工地用沥青,总体动稳定度值偏低,说明高温稳定性储备不足。

(2)增大油石比会使得混合料的动稳定度下降,这可以通过增加纤维进行一定程度上的弥补,但效果不显著。

(3)特种改性高强沥青对提高混合料的高温性能有很好的效果,因此提高沥青的高温等级对提高沥青混合料的高温性能有显著的作用。

中面层沥青混合料车辙试验结果见表 3-22。

中面层沥青混合料车辙试验结果 表 3-22

沥青混合料类型	动稳定度(次/mm)	总变形量(mm)
AC-20C	3767	2.115
AC-20F	3859	1.732
工地 AC-20	3188	2.184
AC-20C 低孔隙(4%)	3556	2.235
AC-20C (4%) +纤维(60℃)	4078	2.253
AC-20C 高强(正常)(60℃)	6464	1.382
AC-20C 高强(4%)(60℃)	5856	1.551

由表 3-22 可以看出:

(1)7 种混合料在 60℃时的动稳定度均大于 3000,但考虑到施工及材料变异性,工地沥青的高温性能储备较低。

(2)相比正常路段,桥面铺装更直接暴露于阳光下,同时箱梁内部气温积聚也会导致铺装体温度较正常路段高;此外由于箱梁的刚性支撑,桥面铺装受力也较正常路段不利,因此必须重视中面层的高温稳定性。

(3)在沥青混凝土中加入纤维对提高其高温稳定性有一定帮助,但效果不显著;高强沥青混凝土具有优异的抗高温性能,因此必须选择性能优良的沥青原材料用于实体工程。

3.3.3 低温性能试验

对于沥青混合料的低温抗裂性能,国际上并没有公认的标准评价方法，本书采用低温弯曲试验来评价。但如何根据低温弯曲试验得到的指标来评价混合料的低温性能是一个值得研究的内容。在低温条件下，要获得好的抗裂性能，要求混合料具有较高的强度和较大的变形能力，但对于同一材料而言，二者不可能同时增大。这就说明不能采用单一的指标来衡量沥青混合料的技术性能。因此，有必要寻找一种反映强度和变形的综合技术参数。

低温下的沥青混合料可看作弹性材料，其破坏过程是一个能量耗散的过程。外力对材料所做的功会转化为如下形式的能量：一是作为弹性应变能被储存；二是随着裂缝的发生、发展、产生新表面时转化为表面能。沥青混合料储存的弹性应变能越多，其低温抗裂性就越好。根据材料损伤准则，沥青混合料低温开裂时会经历裂缝的引发、亚临界状态增长和最后终止 3 个阶段，这 3 个阶段在宏观上均可观察到。假定材料破坏形式与单位体积内能量状态相对应，那么混合料的开裂破坏就可以用应变能密度函数 $\mathrm{d}W/\mathrm{d}V$ 来表示，即：

$$\frac{\mathrm{d}W}{\mathrm{d}V}=\int_{0}^{\varepsilon_0}\sigma_{ij}\mathrm{d}\varepsilon_{ij} \tag{3-4}$$

式中：$\mathrm{d}W/\mathrm{d}V$——应变能密度函数；

σ_{ij}、ε_{ij}——应力、应变分量；

ε_0——最大应力所对应的应变值（即临界应变）。

$\mathrm{d}W/\mathrm{d}V$ 的临界值是断裂时实际应力—应变关系曲线下的面积，如图 3-3 所示，可以通过试验来测定。因此，基于材料损伤原理，对于低温弯曲试验可以用临界弯曲应变能来评价混合料的低温抗裂性。

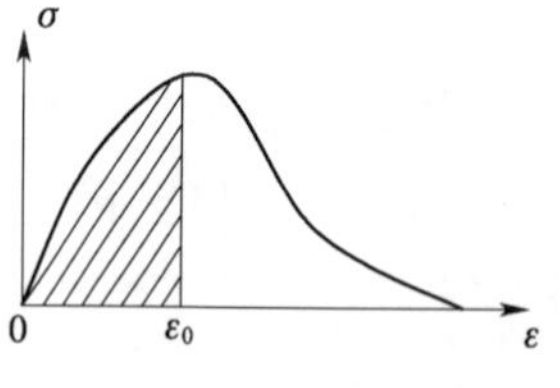

图 3-3　低温下沥青混合料应力—应变关系示意图

低温弯曲试验方法参照 T 0715—1993，采用 −10℃ +0.5℃ 的试验温度和 50mm/min 的加载速率，在 MTS 试验机上进行，根据试验结果计算出试件破坏时的抗弯拉强度、破坏时梁底最大弯拉

应变 ε_B 以及破坏时的弯曲劲度模量 S_B，计算公式如下：

$$R_B = \frac{3LP_B}{2bh^2} \quad (3\text{-}5)$$

$$\varepsilon_B = \frac{6hd}{L^2} \quad (3\text{-}6)$$

$$S_B = \frac{R_B}{\varepsilon_B} \quad (3\text{-}7)$$

式中：R_B——抗弯拉强度（MPa）；

ε_B——试件破坏时的最大弯拉应变（ε）；

S_B——试件破坏时的弯曲劲度模量（MPa）；

b——跨中断面试件的宽度（mm）；

h——跨中断面试件的高度（mm）；

L——试件的跨径（mm）；

P_B——试件破坏时的最大荷载（N）；

d——试件破坏时的跨中挠度（mm）。

上面层混合料低温弯曲试验结果见表 3-23。

上面层混合料低温弯曲试验结果 表 3-23

沥青混合料类型	抗弯拉强度 R_B（MPa）	破坏应变 ε_B（$\times 10^{-3}$）	弯曲劲度模量 S_B（MPa）
AC-13C	8.597	2.290	3753.3
工地 AC-13F	7.769	1.806	4301.3
SMA-13	8.030	1.700	4789.2
AC-13C（4%）	9.799	1.730	3451.2
AC-13C（4%）+纤维	9.839	2.314	4251.3
AC-13C 高强(4%)	14.879	1.658	9841.7

由表 3-23 可以看出：

(1)6 种混合料 −10℃ 时的破坏是脆性破坏，破坏荷载时的变形均很小。

(2)AC-13C 高强沥青混合料的抗弯拉强度最大，这说明其低温下强度大，具有较好的低温抗裂性。

(3)低空隙率(4%)沥青混合料的抗弯拉强度较大,且弯曲劲度模量最较小,这说明其低温下不仅强度大,而且韧性也大,具有较好的低温抗裂性。

(4)纤维的加入对混合料的低温有明显好处,但必须衡量其经济性;高强沥青在具有优异高温性能情况下,低温性能也较好。

中面层混合料低温弯曲试验结果见表3-24。

中面层混合料低温弯曲试验结果 表3-24

沥青混合料类型	抗弯拉强度 R_B(MPa)	破坏应变 ε_B($\times 10^{-3}$)	弯曲劲度模量 S_B(MPa)
AC-20C	11.151	2.599	4291.2
AC-20F	9.450	1.380	6848.0
工地 AC-20	10.440	1.543	6767.4
AC-20C 低孔隙	7.769	1.806	4301.3
AC-20C (4%)+纤维	8.632	1.753	5323.6
AC-20C 高强(正常)	14.336	1.203	7723.6
AC-20C 高强(4%)	13.362	1.369	7125.3

由表3-24可以看出:

(1)7种混合料-10℃时的破坏是脆性破坏,破坏荷载时的变形均很小。

(2)AC-20C高强沥青两种混合料的抗弯拉强度均较大,说明其低温时强度较高,具有较好的低温性能。

(3)AC-20C低孔隙沥青混合料的抗弯拉强度较小,且弯曲劲度模量较大,这说明其低温下不仅强度小,而且韧性也小,低温抗裂性较差。

3.3.4 力学性能试验

沥青混合料以黏弹性为其基本力学特性,这些特性是由其材料组成和材料特性所决定的。本书通过劈裂强度试验和常温弯曲试验,根据强度、应变和黏韧性指数等指标来评价混合料的力学性能。

1)劈裂强度试验

劈裂试验用于测定沥青混合料在规定温度和加载速率时,劈裂破坏或处于弹性阶段时的力学性质。试验方法主要参照T 0716—1993,将两种混合料按最佳油石比成型马歇尔试件(每面击打75次),在15℃和50mm/min的加载速率下,用一定宽度的圆弧形压条对试件施加荷载直至劈裂破坏,测定试验荷载的最大值和相应的垂直方向总变形,并计算其破坏劲度模量和破坏拉伸应变等力学参数。另外,研究中还把0.1~0.4最大荷载范围内线性回归的应力—应变直线斜率作为沥青混合料的弹性模量E以研究混合料的弹性性能。试件直径为100mm+2.0mm,高度为63.5mm+1.3mm,计算公式为式(3-8)~式(3-11)(所用的泊松比$\mu=0.30$)。

$$R_T = \frac{0.006287P_T}{h} \tag{3-8}$$

$$X_T = \frac{Y_T(0.135+0.5\mu)}{1.794-0.0314\mu} \tag{3-9}$$

$$\varepsilon_T = \frac{X_T(0.0307+0.0936\mu)}{1.35+5\mu} \tag{3-10}$$

$$S_T = \frac{P_T(0.27+1.0\mu)}{hX_T} \tag{3-11}$$

式中:R_T——劈裂抗拉强度(MPa);

ε_T——破坏拉伸应变;

S_T——破坏劲度模量(MPa);

μ——泊松比,取0.30;

P_T——试验荷载的最大值(N);

h——试件高度(mm);

Y_T——试件相应于最大破坏荷载时的垂直方向总变形(mm);

X_T——相应于最大破坏荷载时的水平方向总变形(mm)。

上面层沥青混合料劈裂强度试验结果见表3-25。

上面层沥青混合料劈裂强度试验结果 表3-25

沥青混合料类型	劈裂抗拉强度 R_T(MPa)	破坏拉伸应变 ε_T($\times 10^{-3}$)	破坏劲度模量 S_T(MPa)
AC-13C	0.81	1.80	931
工地 AC-13F	0.96	1.52	1285
SMA-13	1.65	0.75	1359
AC-13C (4%)	1.36	6.94	874
AC-13C (4%) +纤维	1.17	2.84	775
AC-13C 高强(4%)	1.67	2.94	1087

由表3-25可以看出:

(1)6种混合料15℃时的劈裂强度相差较大,其中SMA-13混合料的抗拉强度最大,破坏拉伸应变最小,劲度模量最大,说明其15℃抗弯拉性能最好;AC-13C高强(4%)沥青混合料也具有良好的低温性能。

(2)AC-13C(5%空隙)沥青混合料的抗拉强度最小,破坏拉伸应变较小,劲度模量也偏大,说明其15℃抗弯拉性能较差。

(3)低空隙率(4%)沥青混合料的劈裂抗拉强度较大,破坏应变较大,说明沥青用量增大对混合料抗拉性能是有利的。

(4)纤维的加入对混合料的常温劈裂强度没有太大作用。

中面层沥青混合料劈裂强度试验结果见表3-26。

中面层沥青混合料劈裂强度试验结果 表3-26

沥青混合料类型	劈裂抗拉强度 R_T(MPa)	破坏拉伸应变 ε_T($\times 10^{-3}$)	破坏劲度模量 S_T(MPa)
AC-20C	0.99	1.42	1305
AC-20F	0.90	1.29	1325
工地 AC-20	0.88	1.65	1042
AC-20C 低孔隙	1.22	1.18	2116
AC-20C (4%) +纤维	1.48	1.17	2566
AC-20C 高强(正常)	1.67	1.40	2311
AC-20C 高强(4%)	1.41	1.74	1527

由表 3-26 可以看出：

(1)随着沥青用量的有限增加，混合料的劈裂抗拉强度较高，破坏劲度模量较高，说明混凝土韧性较好，可通过增加沥青用量提高混凝土的抗疲劳性能。

(2)采用纤维对提高高温稳定性及混凝土的抗疲劳特性均有一定效果，高强度沥青混凝土的抗疲劳特性与一般改性沥青混凝土相当。

2)常温弯曲试验

常温弯曲试验方法主要参照 T 0715—1993，与低温弯曲试验方法类似，同样在 MTS 试验机上进行试验，加载速率仍为 50mm/min，不同之处为常温弯曲试验的试验温度为 15℃ +0.5℃。

上面层混合料常温弯曲试验结果见表 3-27。

上面层混合料常温弯曲试验结果 表 3-27

沥青混合料类型	抗弯拉强度 R_B(MPa)	破坏应变 ε_B($\times 10^{-3}$)	弯曲劲度模量 S_B(MPa)
AC-13C	4.07	10.27	496
工地 AC-13F	3.57	9.19	388
SMA-13	4.76	9.22	436
AC-13C (4%)	5.06	10.50	340
AC-13C (4%) + 纤维	4.04	8.30	311
AC-13C 高强(4%)	5.56	11.20	457

由表 3-27 可以看出：

(1)AC-13C 高强(4%)和 AC-13C (4%)具有较高的抗弯拉强度、破坏应变和弯曲劲度模量，说明其不仅强度高，变形性能也较好，具有较好的力学性能。

(2)工地 AC-13F 具有较小的抗弯拉强度、破坏应变和弯曲劲度模量，说明其不仅强度小，变形性能也较差，总体力学性能较差。

(3)AC-13C、SMA-13 和 AC-13C (4%) + 纤维沥青混合料的

力学性能居中。

中面层混合料常温弯曲试验结果见表3-28。

中面层混合料常温弯曲试验结果 表3-28

沥青混合料类型	抗弯拉强度 R_B(MPa)	破坏应变 ε_B($\times 10^{-3}$)	弯曲劲度模量 S_B(MPa)
AC-20C	5.410	7.380	761.6
AC-20F	4.870	8.350	596.6
工地 AC-20	3.450	9.260	385.9
AC-20C 低孔隙	6.300	6.530	983.3
AC-20C (4%) + 纤维	5.605	6.850	818.1
AC-20C 高强(正常)	6.986	6.363	1102.3
AC-20C 高强(4%)	7.240	6.130	1497.0

由表3-28可以看出:

(1)AC-20C高强沥青两种孔隙的混合料均具有较高的抗弯拉强度、破坏应变和弯曲劲度模量,说明其不仅强度高,变形性能也较好,具有较好的力学性能。

(2)AC-20F和工地AC-20具有较小的抗弯拉强度、破坏应变和弯曲劲度模量,其强度小,变形性能较差,力学性能也较差。

(3)AC-20C、工地AC-20C低孔隙和AC-20C (4%) +纤维沥青混合料的力学性能居中。

3.3.5 渗水试验

在沥青混合料配合比设计阶段进行沥青混合料的渗水试验是非常重要的。试验方法主要参照T 0730—2000,混合料试件即采用按轮碾法制作的车辙板。在试验过程中,应仔细观察渗水的情况。正常情况下水应通过混合料的内部空隙从试件的反面及四周渗出,如果水是从底座与密封材料间渗出,说明底座与试件密封不好,应另采用干燥试件重新操作。

按照规范要求对上、中面层各种沥青混合料进行渗水试验,结果表明均具有较好的不透水性。

3.3.6 表面构造深度试验

沥青路面的抗滑性能是一项非常重要的路用性能，这对于沥青混合料桥面是十分重要的，而表面构造深度是抗滑性能的一项重要指标。研究通过对刚成型的车辙板进行构造深度的试验，来评价混合料的抗滑性能，试验结果如表3-29所示。

上面层混合料表面构造深度试验结果　　表3-29

沥青混合料类型	构造深度 *TD*(mm)	规范要求
AC-13C	0.86	≥0.55
工地 AC-13F	0.82	
SMA-13	0.97	
AC-13C (4%)	0.94	
AC-13C (4%) + 纤维	0.82	
AC-13C 高强(4%)	0.70	

由表3-29可以看出，6种上面层混合料的构造深度均满足设计规范的要求；SMA-13级配使用了较多的粗集料，其构造深度要高于其他混合料，抗滑性能较好；高强沥青混凝土的构造深度相对较小，这可能与高强沥青混凝土自身强度高，不宜压实的因素有关。

3.3.7 高温蠕变试验

为了进一步验证各混合料铺装的高温性能，进行了高温蠕变试验。高温蠕变试验可分为静载蠕变试验与动载蠕变试验，重复加载试验与动力试验都属于动载蠕变试验。有研究报告指出，重复加载试验比单轴压缩蠕变试验更能反映沥青混合料的变形特性。早在20世纪70年代中期，Monismith等人就采用重复加载永久变形试验来评价土的永久变形特性。本书采用动态蠕变试验中的重复加载试验来评价SBS改性沥青与高强度改性沥青的高温性能。具体试验过程参照美国规范中的动态蠕变试验及

NCHRP（National Cooperative Highway Research Program）推荐的Simple Performance Test 中的重复加载永久变形试验。

本书中采用了美国混合料试验规范中的标准，试验的加载周期为1s，其中包括0.1s 的半正弦压力荷载和0.9s 的间隔。试验终止条件为荷载作用次数达到10000 次或LVDT 超过了量程范围。根据路面温度的实测报告，路面中面层最高温度接近50℃，所以本试验的温度定为50℃。试件为直径100mm，高100mm 的圆柱形试件。研究中偏应力采用136kPa、207kPa 两种情况。

试验仪器采用UTM 试验机，在试验过程中试验设备自动采集记录数据，并自动计算出任意荷载作用次数下的永久变形、回弹变形、累积应变、回弹模量、蠕变模量、累积应变斜率值。上、中面层蠕变试验结果见表3-30 和表3-31。

上面层蠕变试验结果 表3-30

混合料类型	第一阶段		第二阶段			$F(n)$	累积变形(mm)
	模型	终止点	模型	起始点	终止点		
AC-13C	$y=0.7551x^{0.1077}$，$R^2=0.9907$	802	$y=0.00035x+1.29985$，$R^2=0.99977$	802	1402	1402	1.796
AC-13C 高强(4%)	$y=0.3612x^{0.1304}$ $R^2=0.9947$	6504	$y=0.00003x+0.95034$，$R^2=0.99878$	6504	*	*	1.2586

注：1. 工地SBS 沥青的试件因为没有到10000 次重复荷载作用次数就已经破坏，累积变形值为其流动荷载作用次数时的变形值。高强沥青试件的累计变形值均为10000 次荷载作用下的最终变形。

2. * 表示在10000 次重复荷载作用下没有出现。

中面层蠕变试验结果 表3-31

混合料类型	第一阶段		第二阶段			$F(n)$	累积变形(mm)
	模型	终止点	模型	起始点	终止点		
AC-20C	$y=0.7358x^{0.1134}$，$R^2=0.9906$	1132	$y=0.00024x+1.38267$，$R^2=0.99972$	1132	2602	2602	2.007

续上表

混合料类型	第一阶段		第二阶段			$F(n)$	累积变形(mm)
	模型	终止点	模型	起始点	终止点		
AC-20C 高强(4%)	$y=0.5305x^{0.1302}$, $R_2=0.9893$	6963	$y=0.00018x+1.12518$, $R^2=0.99989$	6963	*	*	0.841

注:1. 工地 SBS 沥青的试件因为没有到 10000 次重复荷载作用次数就已经破坏,累积变形值为其流动荷载作用次数时的变形值。高强沥青试件的累计变形值均为 10000 次荷载作用下的最终变形。

2. * 表示在 10000 次重复荷载作用下没有出现。

3.4 小结

通过上述研究,得出以下结论:

(1)通过大量试验,比较了 6 种 AC-13 类沥青混合料的配合比及使用部分性能用于桥面铺装的上面层,可供桥面铺装结构设计进行参考。

(2)对工地采用的沥青胶结料进行了常规指标和 PG 分级指标测试,发现其高温性能刚刚满足国家标准,对于张家口坝下地区高温稳定性储备不足。

(3)高强沥青混凝土具有强度高、韧性好的优点,通过优良的配合比设计,可用于路面中的中上面层。

(4)对 7 种 AC-20 的沥青混凝土的使用性能进行了研究,为桥面铺装中面层的材料及结构选择提供了依据。

(5)通过提高沥青含量和掺加纤维,在保持高温性能的同时,可以有效地提高混凝土的抗疲劳性能。

(6)在级配一定的情况下,沥青性能对沥青混合料的使用性能有决定性影响,在高温需求比较高的区域,选择优质的改性沥青可以同时满足混合料的高、低温性能。

4 桥面铺装黏结防水层材料选择及性能研究

在桥面铺装中,黏结层的作用是很大的,它能保证铺装层与桥面板间的良好结合,共同承受车辆荷载的作用,从而提高桥面铺装层的使用寿命。但桥面铺装层的设计作为桥梁设计的一个重要组成部分,却没有引起足够重视,在设计中仅提及铺装层的厚度,而没有将桥面铺装层分为防水黏层和铺装层来进行综合考虑,也没有考虑层间结合界面的处理要求,更没有说明防水黏层和铺装层所用材料的类型及技术要求,并且在施工中对黏层的重要作用没有引起足够的重视。因而在桥面铺装中因为黏结出现问题而引起桥面铺装的损坏实例很多。

无论是什么样的铺装结构,不重视防水黏结层的重要作用,会引发严重的桥面铺装病害,如脱层、推移等,这都与黏结作用的好坏有较大的关系。相反,重视防水黏结层,即使在桥面铺装层较薄的情况下,也不会或者很少发生早期损坏。

因此,结合桥面涂膜类黏结层材料的研究,本书进一步研究了稀浆封层技术、卷材在防水黏结体系中的应用,并对聚酯玻纤布贴缝效果及对沥青混凝土的增强作用进行了研究。

4.1 黏结层材料选择

本书采用的黏结层材料如下:

(1)普通乳化沥青。

(2)SBS 改性热沥青。

(3)普通热沥青。

(4)溶剂型沥青黏结剂。

(5)SN 道桥防水材料 60%。

(6)盐通高速工地乳化沥青。

(7)SBS 改性乳化沥青。

(8)工地 SBR 改性乳化沥青(洒碎石)。

(9)工地 SBR 改性乳化沥青 + SBS 改性热沥青 + 聚酯玻纤布(上海)。

(10)工地 SBR 改性乳化沥青 + SBS 改性热沥青 + 聚酯玻纤布(南京,反面向上,简称南京反)。

(11)工地 SBR 改性乳化沥青 + SBS 改性热沥青 + 聚酯玻纤布(南京,正面向上,简称南京正)。

(12)优质改性乳化沥青稀浆封层。

(13)卷材。

4.2 试验方法

1)试验方案

设计如下试验对黏结层的性能进行评价:

(1)剪切试验:为检验黏结层抵抗行车荷载在水平力作用下产生的剪切应力的能力,采用更加符合路面实际工作情况的斜剪试验评价各种黏结层的抗剪能力。

(2)拉拔试验:目的是检验上下两层间的黏结强度及对面层整体结构强度的影响。

(3)渗水试验:渗水试验的目的是检验黏结层的抗渗性能。

2)试件的成型

试件成型应尽可能反映黏结层的实际工作状况,模拟现场施工过程,在室内成型试件的主要步骤如下:

(1)成型 300mm × 300mm × 50mm 的水泥混凝土板,板的上表面采取拉毛处理方式。

(2)清理水泥混凝土板的表面浮浆,按照施工要求涂黏结层材料。

(3)在涂好黏层油的水泥混凝土板上利用轮碾机成型40mm厚的沥青混凝土,并用双面锯切割成50mm×50mm×64mm(沥青层和水泥混凝土板厚度均为32mm)的试件进行剪切试验和拉拔试验。

水泥混凝土的材料用量和各项指标见表4-1。表面层的沥青混凝土采用实验室现有的AC-20F级配。

水泥板配合比设计 表4-1

粗集料最大粒径(mm)	水泥强度等级	水灰比	坍落度(mm)	砂率(%)	每立方米用料量(kg)				配合比
					水	水泥	砂	石子	$m_{wo}:m_{co}:m_{so}:m_{go}$
16	42.5	0.41	30~50	33	210	512	570	1158	0.41:1:1.113:2.262

3)黏结层材料的用量

黏结层材料的用量是在参考《公路沥青路面施工技术规范》(JTJ 032—1994)❶的基础上,根据实际涂膜效果而定的,具体用量见表4-2。

黏结层材料用量 表4-2

材料类型	材料用量(kg/m²)
普通乳化沥青	0.91
SBS改性热沥青	1.00
普通热沥青	1.08
溶剂型沥青黏结剂	0.20+0.20①
SN道桥防水材料60%	0.80
盐通高速工地乳化沥青	0.90
SBS改性乳化沥青	0.90
张石高速工地改性乳化沥青(洒碎石)	0.94(1.60)②

❶ 已被《公路沥青路面施工技术规范》(JTG F40—2004)替代,该规范于2005年1月1日实施。

续上表

材料类型	材料用量(kg/m^2)
工地改性乳化沥青 + SBS改性热沥青 + 聚酯玻纤布(上海)	0.23 + 0.76③
工地改性乳化沥青 + SBS改性热沥青 + 聚酯玻纤布(南京正)	0.23 + 0.76③
工地改性乳化沥青 + SBS改性热沥青 + 聚酯玻纤布(南京反)	0.23 + 0.76③
改性乳化沥青稀浆封层	(0.30 +)10.4④
卷材	—

注:①为使溶剂得到较充分的挥发,溶剂型沥青黏结剂分两次涂布,每次0.20 kg/m^2。

②表面石子洒铺用量为1.60 kg/m^2。

③工地乳化沥青涂刷质量为0.23 kg/m^2,热沥青为0.76 kg/m^2。

④为了加强稀浆封层与水泥板之间的黏结,滩涂稀浆前,先在水泥板表面刷一层科氏改性乳化沥青,用量为0.30kg/m^2;稀浆封层用量为10.40kg/m^2,厚度为6mm,沥青用量为10.0%。

4.3 原材料性能测试

选择优质的原材料是保证黏结层优良路用性能的前提条件,目前国内有多种类型的黏结层材料,质量也各有不同。本书选用张石高速工地改性乳化沥青、工地SBS改性热沥青等沥青以及稀浆封层材料作为黏结层的备选方案进行性能对比试验分析,部分黏层油材料的技术指标如下。

4.3.1 工地改性SBR乳化沥青

工地SBR改性乳化沥青试验结果与技术要求见表4-3。

工地SBR改性乳化沥青试验结果与技术要求 表4-3

测试项目	试验结果	技术要求	测试方法
破乳速度	中	中	T 0658—1993
微粒粒子电荷	阳离子	—	T 0653—1993
筛上剩留物(1.18mm)(%)	0.02	≤0.1	T 0652—1993
沥青标准黏度 $C_{25.3}$(s)	19.42	8~25	T 0621—1993
裹覆试验	≥2/3	≥2/3	T 0654—1993
蒸发残留物含量(%)	63.24	≥50	T 0651—1993

续上表

测 试 项 目		试验结果	技术要求	测试方法
针入度(25℃)(0.01mm)		77	40～120	T 0604—1993
软化点 $T_{R\&B}$(℃)		48.5	≥50	T 0606—1993
延度(5℃)(cm)		54.7	≥20	T 0605—1993
溶解度(三氯乙烯)(%)		97.8	≥97.5	T 0607—1993
储存稳定性	1d	0.29	≤1	T 0655—1993
	5d	1.21	≤5	T 0655—1993

根据检测结果,基质沥青的软化点指标低于规范要求。

4.3.2 SBS 改性热沥青

SBS 改性热沥青试验结果与技术要求见表 4-4。

SBS 改性热沥青试验结果与技术要求 表 4-4

试 验 项 目		SBS 改性热沥青	技术要求	试验方法
针入度(100g,5s)(0.1mm)	15℃	23	实测	T 0604—2000
	25℃	62.7	60～80	
	30℃	95.3	实测	
针入度指数(PI)		-0.2439	≥ -0.4	
延度(5℃)(cm)		42.5	≥30	T 0605—1993
软化点(℃)		59.5	≥55	T 0606—2000
溶解度(%)		99.73	≥99.0	T 0607—1993
TFOT(163℃,5h)	质量损失(%)	+0.022	≤0.8	T 0609—1993
	针入度比(%)	76.6	≥60	T 0604—2000
	延度(5℃)(cm)	22.1	≥20	T 0605—1993
闪点(℃)		316	≥230	T 0611—1993
密度(25℃)		1.02	≥1.00	T 0603—1993
动力黏度(60℃)(Pa·s)		1095	实测	T 0620—2000
布氏黏度(135℃)(Pa·s)		1.6	实测	T 0625—2000
黏韧性(N·m)		2.200	实测	T 0624—1993

续上表

试 验 项 目	SBS 改性热沥青	技术要求	试验方法
韧性(N·m)	1.759	实测	T 0624—1993
离析软化点差(℃)	1.1	≤2.5	T 0661—2000
弹性恢复(%)	84	≥65	T 0662—2000

4.3.3 聚酯玻纤布

1)渗水性能

研究检测了聚酯玻纤布不同铺设方法的渗水性能,结果如图4-1所示。

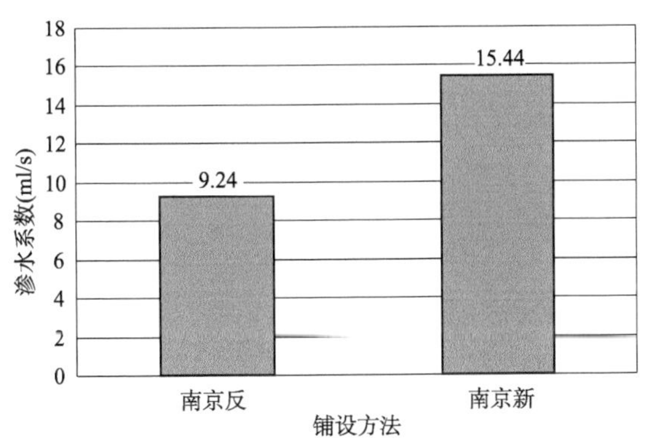

图4-1 聚酯玻纤布不同铺设方法对应渗水系数

注:本试验先采用空隙率为10%左右的沥青混合料成型车辙板,然后在表面涂刷1.00kg/m^{2}的工地改性热沥青,再铺好聚酯玻纤布。试验时不脱模且用油泥密封周边。

由图4-1结果可知,聚酯玻纤布(南京反)的防渗水性能要优于聚酯玻纤布(南京新)。

2)吸油量

试验中使用到的三种聚酯玻纤布的吸油量检测结果如表4-5所示。

聚酯玻纤布吸油量试验结果 表 4-5

聚酯玻纤布	干重(g)	湿重(g)	吸油重(g)	吸油量(%)	单位面积吸油重(kg/m^2)
上海	1.27	7.64	6.37	501.57	0.071
南京	3.15	8.83	5.68	180.32	0.063
南京新	1.08	6.4	5.32	492.59	0.059

注:玻纤布尺寸为 30cm×30cm。

4.3.4 改性乳化沥青稀浆封层

1)原材料组成及技术要求

(1)改性乳化沥青

稀浆封层混合料中起黏结作用的主要是改性乳化沥青中的沥青材料。对于改性乳化沥青稀浆封层来说,不但需要采用合乎标准的优质基质沥青,如重交通道路沥青,而且乳化后的性能指标特别重要。我国改性乳化沥青稀浆封层所用改性乳化沥青的技术标准及本试验所用改性乳化沥青实测指标如表 4-6 所示。

稀浆封层科氏改性乳化沥青技术指标 表 4-6

<table>
<tr><th colspan="2">检 测 内 容</th><th>检测结果</th><th>技术要求</th><th>试验规程</th></tr>
<tr><td colspan="2">筛上剩余量(1.18mm 筛)(%)</td><td>0.03</td><td>≤0.1</td><td>T 0652</td></tr>
<tr><td colspan="2">颗粒电荷</td><td>+</td><td>+,-</td><td>T 0653</td></tr>
<tr><td colspan="2">破乳速度试验</td><td>慢裂</td><td>慢裂</td><td>T 0658</td></tr>
<tr><td colspan="2">标准黏度 $C_{25,3}$(s)</td><td>18.73</td><td>18/75</td><td>T 0621</td></tr>
<tr><td colspan="2">蒸发残留物含量(%)</td><td>63.7</td><td>≥62</td><td>T 0651</td></tr>
<tr><td rowspan="2">储存稳定度(%)</td><td>1d</td><td>0.04</td><td>≤1</td><td rowspan="2">T 0655/STMD244</td></tr>
<tr><td>5d</td><td>0.12</td><td>≤5</td></tr>
<tr><td colspan="2">黏附性试验</td><td>≥2/3</td><td>≥2/3</td><td>T 0654</td></tr>
<tr><td rowspan="6">蒸发残留物性质</td><td>针入度(25℃,100g,5s)(0.1mm)</td><td>74</td><td>40/110</td><td>T 0651,T 0604</td></tr>
<tr><td>延度 25℃(cm)</td><td>51.5</td><td>≥40</td><td>T 0651,T 0605</td></tr>
<tr><td>软化点(℃)</td><td>58.5</td><td>≥57</td><td>T 0606</td></tr>
<tr><td>溶解度(三氯乙烯)(%)</td><td>97.5</td><td>≥97.5</td><td>T 0651,T 0607</td></tr>
<tr><td>60℃动力黏度(Pa·s)</td><td>11020</td><td>≥8000</td><td>T 0620</td></tr>
<tr><td>弹性恢复(25℃)(%)</td><td>73</td><td>≥65</td><td>T 0662</td></tr>
</table>

(2)集料

在改性乳化沥青稀浆封层下中必须有一定的集料起骨架作用,其最大粒径直接决定稀浆封层混合料的最大厚度;另外要保持沥青稀浆的密实性、耐久性以及与稀浆拌和摊铺时的和易性,集料中还需要一定数量的细集料。良好颗粒级配组成的集料,一般均能形成密实而又稳定的稀浆混合料。本试验采用的集料级配如表4-7和图4-2所示。

改性乳化沥青稀浆封层集料级配组成计算 表4-7

筛孔尺寸(mm)		16	13.2	9.5	4.75	2.36	1.18	0.6	0.3	0.15	0.075
原材料筛分结果	1*	100.0	95.7	52.2	0.0						
	2*	100.0	100.0	99.8	24.9	0.0	0.0				
	3*	100.0	100.0	100.0	100.0	4.3	0.0				
	4*	100.0	100.0	100.0	100.0	89.4	62.3	39.9	23.5	15.0	10.1
	矿粉	100.0	100.0	100.0	100.0	100.0	100.0	100.0	98.0	91.0	85.0
矿料组成比例	1*(0)	0.0	0.0	0.0	0.0						
	2*(6)	6.0	6.0	6.0	1.5	0.0					
	3*(7)	7.0	7.0	7.0	7.0	0.3					
	4*(80)	80.0	80.0	80.0	80.0	71.5	49.9	31.9	18.8	12.0	8.1
	矿粉(7)	7.0	7.0	7.0	7.0	7.0	7.0	7.0	6.9	6.2	5.3
合成级配		100.0	100.0	100.0	95.5	78.8	56.9	38.9	25.7	18.3	13.4
中值		100.0	100.0	100.0	95.0	77.5	57.5	40.0	24.0	15.5	10.0
上限		100.0	100.0	100.0	90.0	65.0	45.0	30.0	18.0	10.0	5.0
下限		100.0	100.0	100.0	100.0	90.0	70.0	50.0	30.0	21.0	15.0

稀浆封层集料的检测结果及技术指标如表4-8所示。

集料的技术指标 表 4-8

项目指标	检测结果	技术指标
石料压碎值	15.0	<28%
洛杉矶磨耗值	10.2	<35%
细长扁平颗粒含量	0	<10%
石料磨光值	46	>42
破碎面	100%	100%
砂当量	88%	>65%

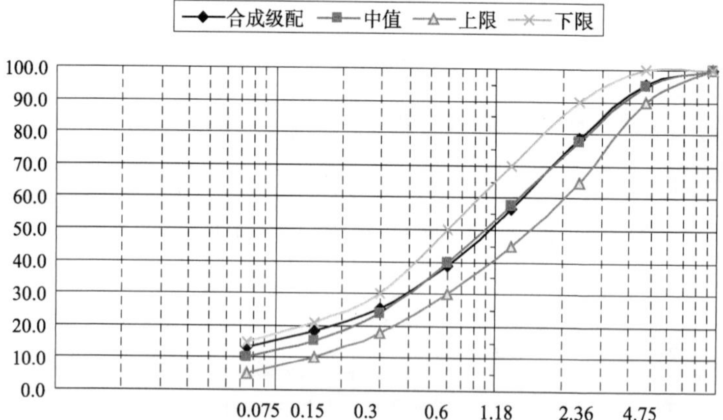

图 4-2 改性乳化沥青稀浆封层集料级配合成曲线

2)改性乳化沥青稀浆封层配合比设计

(1)配合比设计程序

改性乳化沥青稀浆封层配合比设计程序与一般路面使用的普通乳化沥青稀浆封层配合比设计程序基本相同。配合比设计程序见图 4-3。

(2)混合料技术指标控制

改性乳化沥青稀浆封层混合料技术指标见表 4-9。湿轮磨耗试验结果见表 4-10。车轮碾压试验结果见表 4-11。

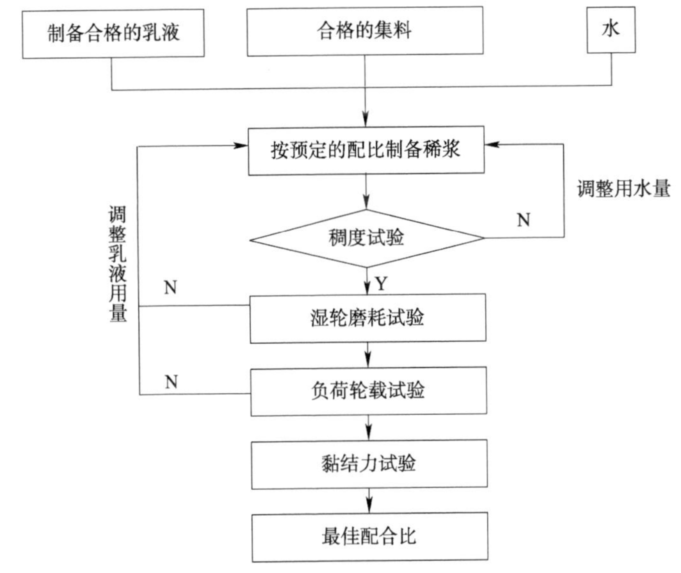

图 4-3　改性乳化沥青稀浆封层配合比设计图

改性乳化沥青稀浆封层混合料技术指标　　　　表 4-9

项目	检测结果	类型	指标
可拌和时间 T_{m}(s)	130	人工拌和	>120
稠度值 C_{V}(cm)	4	人工拌和摊铺	3～5

湿轮磨耗试验结果　　　　表 4-10

改性乳化沥青	骨料	水泥	水	天数(d)	磨耗损失(g)	指标(g)
9.0%(72g)	99.0%(792g)	1.0%(8g)	7.0%(56g)	1	171.1	≤537
				6	641.6	≤807
10.0%(80g)			6.5%(52g)	1	116.8	≤537
				6	306.0	≤807
11.0%(88g)			6.0%(48g)	1	82.5	≤537
				6	233.6	≤807
12.0%(96g)			5.5%(44g)	1	42.8	≤537
				6	172.7	≤807

车轮碾压试验结果 表 4-11

改性乳化沥青	骨料	水泥	水	粘砂量(g/m^2)	指标(g/m^2)
9.0%(45g)	99.0%(495g)	1.0%(5g)	6.0%(30g)	218.2	≤600
10.0%(50g)			5.5%(27.5g)	295.1	
11.0%(55g)			5.0%(25g)	348.6	
12.0%(60g)			4.5%(22.5g)	408.8	

(3)确定最佳沥青用量

根据以上实验结果,9.0% ~12.0% 沥青用量范围内的各项技术指标均满足要求,根据以往试验经验,本书建议沥青用量取 10.0% ~11.0%,并根据现场集料状况调整。本书后续试验沥青用量采用 10.0%。

4.4 黏结性能评价

根据以往试验结果及经验,选择表面拉毛处理的水泥板成型试件,对 14 种黏结层材料分别进行剪切试验、拉拔试验和渗水试验,评价其性能。其中拉拔试验在常温(25℃)下进行即可。剪切试验比较重要,考虑到试验路所在地的情况,选取 3 个不同的试验温度:0℃、25℃、50℃。

4.4.1 剪切试验

剪切试验的目的是检验黏结层抵抗由水平荷载作用产生的在黏结层位置处的剪切应力的能力。本书采用更加符合路面实际工作情况的斜剪试验来评价各种黏结层的抗剪能力,剪切角 $\alpha=40°$,试验设备如图 4-4 所示。

对各种黏结层材料,均采用 0℃ ±2℃,25℃ ±2℃,50℃ ±2℃ 3 个试验温度进行剪切试验,3 个试验温度分别模拟低温,常温和高温条件下黏结层的抗剪强度。试验时,每组5个平行试件。

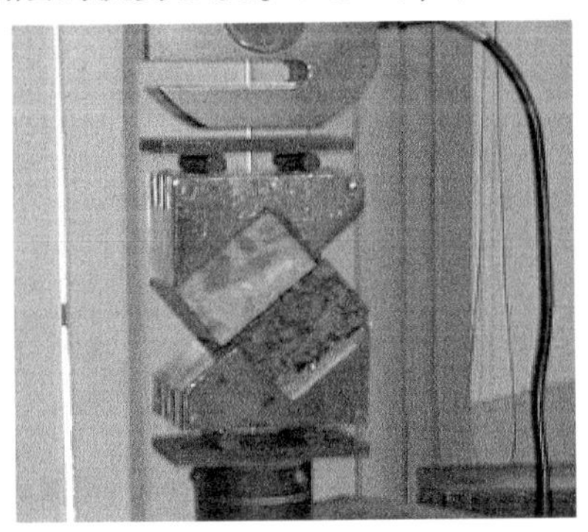

图4-4 斜剪试验示意图

各种类型黏结层材料剪切试验结果见表4-12。

剪切试验结果(单位:MPa) 表4-12

材料类型 \ 试验温度	0℃	25℃	50℃
普通乳化沥青	2.33	0.85	0.30
工地 SBS 改性热沥青	4.07	1.42	0.27
普通热沥青	6.21	1.45	0.31
溶剂型沥青黏结剂	5.46	1.56	0.44
SN 道桥防水材料 60%	1.89	0.42	0.24
盐通高速工地乳化沥青	4.79	1.47	0.31
SBS 改性乳化沥青	5.21	1.39	0.30
张石高速工地 SBR 改性乳化沥青(洒碎石)	2.86	0.86	0.22
工地改性乳化沥青 + SBS 改性热沥青 + 聚酯玻纤布(上海)	1.93	0.52	0.11
工地改性乳化沥青 + SBS 改性热沥青 + 聚酯玻纤布(南京正)	1.85	0.51	0.02
工地改性乳化沥青 + SBS 改性热沥青 + 聚酯玻纤布(南京反)	1.93	0.52	0.09
工地改性乳化沥青 + SBS 改性热沥青 + 聚酯玻纤布(南京新)	1.61	0.44	0.03
稀浆封层	2.88	0.87	0.23
卷材	1.25	0.36	0

由表4-12可以看出:25℃和50℃时,用溶剂型沥青黏结剂作

为黏结层材料的剪切强度均为最大,其次是普通热沥青;0℃时仍是两者最大,但普通热沥青略高于溶剂型沥青黏结剂。

根据采用工地沥青(热沥青及改性乳化沥青)的检测效果来看,其强度远小于用江苏地区常用沥青的黏结效果,因此应选择性能较好的黏结材料。

采用聚酯玻纤布会使得层间剪应力有所降低,但本试验中采用的热沥青和乳化沥青均为工地材料,其性能对试验数据有较大影响。

改性乳化沥青稀浆封层具有良好的密水性及良好的黏结性能,可以作为桥面铺装黏结层。

卷材在高温下与桥面的黏结性能较差,同时由于施工工艺相对复杂,机械化施工有困难,因此不推荐应用于工程实践。

4.4.2 拉拔试验

除了进行斜剪试验外,还进行了拉拔试验以较为全面地评价黏结层的层间黏结效果。拉拔试验采用与剪切试验相同的试件,试验在常温(25℃)下进行,试验设备见图4-5,试验结果如表4-13所示。

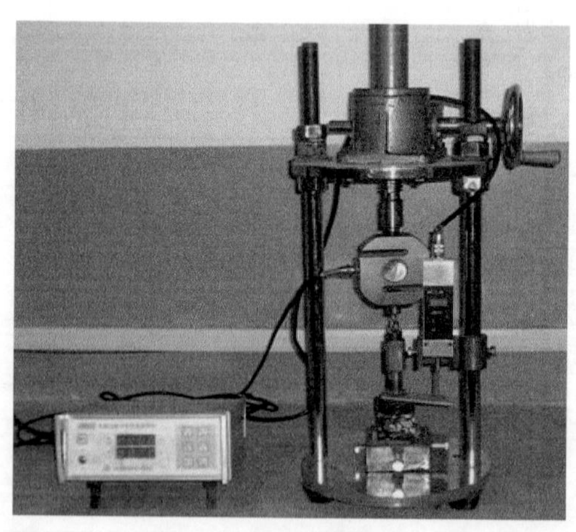

图4-5 拉拔试验示意图

拉拔试验结果(25℃)　　表4-13

材料类型	试验结果(MPa)
普通乳化沥青	0.40
SBS 改性热沥青	0.29
普通热沥青	1.12
溶剂型沥青黏结剂	0.72
SN 道桥防水材料 60%	0.42
盐通高速工地乳化沥青	0.41
SBS 改性乳化沥青	0.50
张石高速工地改性乳化沥青(洒碎石)	0.47
工地改性乳化沥青 + SBS 改性热沥青 + 聚酯玻纤布(上海)	0.37
工地改性乳化沥青 + SBS 改性热沥青 + 聚酯玻纤布(南京正)	0.24
工地改性乳化沥青 + SBS 改性热沥青 + 聚酯玻纤布(南京反)	0.43
工地改性乳化沥青 + SBS 改性热沥青 + 聚酯玻纤布(南京新)	0.21
改性乳化沥青稀浆封层	0.36
卷材	0.08

从试验结果可以看出:用普通热沥青作为黏结层材料时,抗拉强度最大,溶剂型沥青黏结剂次之,其他材料的抗拉强度相似。由于桥面铺装桥面支撑强度高,层间出现拉拔现象的情况不多,因此该指标可仅作为参考指标。

4.4.3 渗水试验

渗水试验的研究目的是评价各种类型黏结材料的防水效果,试验方法参照规范,先在水泥混凝土板上涂刷黏结材料,然后用渗水仪测试其透水性能,试验设备见图4-6。

图4-6　渗水试验示意图

试验结果表明:对不同的黏结材料,水面下降到一定程度后均基本保持不动,说明各种材料都基本不透水,防水效果良好。但现场施工与室内试验还是有很大差异的,因此黏结层的选用还是要综合考虑黏结和防水两方面要求,同时要做好现场的施工组织工作,确保施工质量。

4.5 变剪切角剪切实验

4.5.1 室内剪切试验

在上述室内剪切试验中，剪切角采用 40°,这和实际工程中桥面铺装层间剪应力与正应力间的角度有一定的偏差。前述有限元计算分析表明,桥面铺装厚度及材料参数在一定范围内变化时,剪切角一般在 25°~35°之间。如果考虑到桥面一般存在一定纵坡,同时山区桥面会有较大纵坡,因此剪切角一般在 25°~65°之间变化,因此室内对不同剪切角下黏结层的抗剪效果进行了试验评价。

为了反映不同剪切角度对黏结层抗剪能力的影响,制作了与水平面夹角为 25°、30°、35°、40°、50°、55°、60°和 65°的夹具分别进行剪切试验。夹具及加载装置如图 4-7 所示。

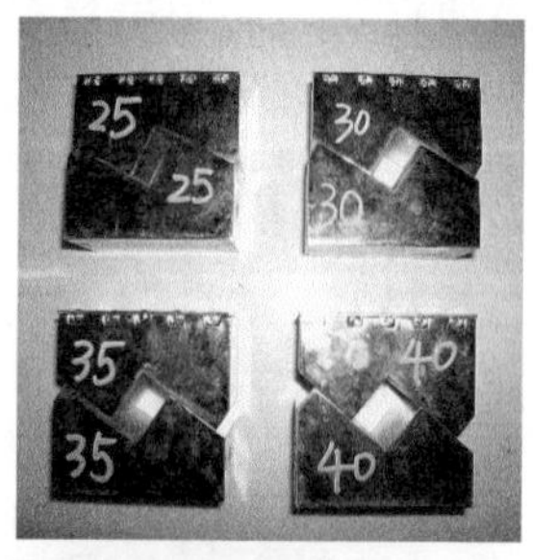

图 4-7　不同角度的剪切夹具及加载装置(UTM25)

剪切强度计算公式如下：

$$\tau = \frac{P \cdot \sin\theta}{S \cdot 1000} \tag{4-1}$$

式中：τ——剪切强度（MPa）；

P——竖向荷载（kN）；

θ——剪切角（°）；

S——试件横截面积（m^2）；

黏结层材料选取了常用的优质SBS改性乳化沥青（$1.0kg/m^2$），试验结果如表4-14和图4-8、图4-9所示。

剪切试验结果（单位：MPa）　　表4-14

剪切角度（°）＼试验温度（℃）	0	25	50
25	>4.230①	1.760	0.580
30	>5.000①	1.670	0.470
35	5.230	1.480	0.420
40	4.680	1.460	0.330
50	4.041	1.251	0.296
55	4.016	1.321	0.220
60	3.340	1.333	0.127
65	2.891	0.995	0.100

注：①UTM25的极限荷载为25kN，0℃时，剪切角为25°和30°的试件在竖向最大荷载25kN下未发生破坏。4.230MPa和5.000 MPa分别是两角度在竖向荷载25kN时的剪切强度值。

由表4-14和图4-8、图4-9可以看出：

(1)在同一角度下，随着温度的升高，剪切强度迅速减小。25℃时的剪切强度约为0℃时的1/3，而50℃时的剪切强度约为25℃时的1/3。由此可见，温度对桥面铺装层内部剪应力影响较大。冬季寒冷气候下，铺装层抗剪强度较高，一般不会出现剪切破坏；而夏季炎热高温时段由于抗剪强度大大降低从而易产生剪切破坏。

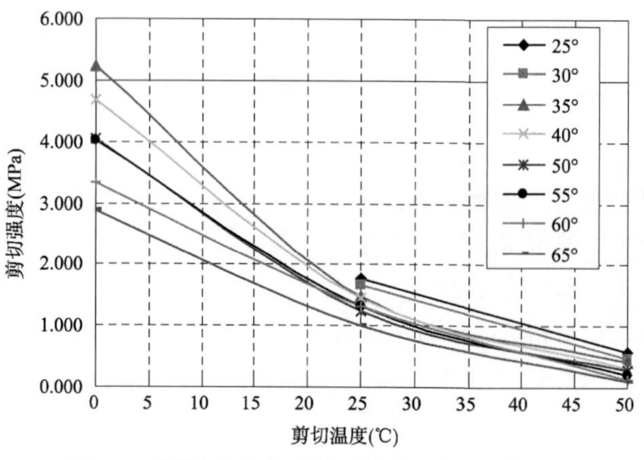

图 4-8　不同剪切角度时剪切强度随温度变化曲线图

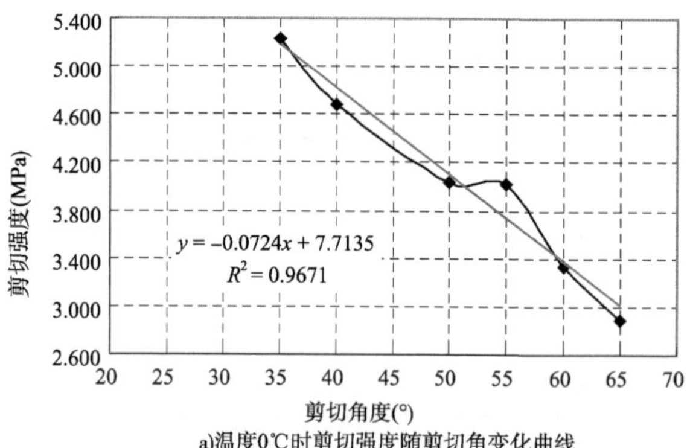

a)温度0℃时剪切强度随剪切角变化曲线

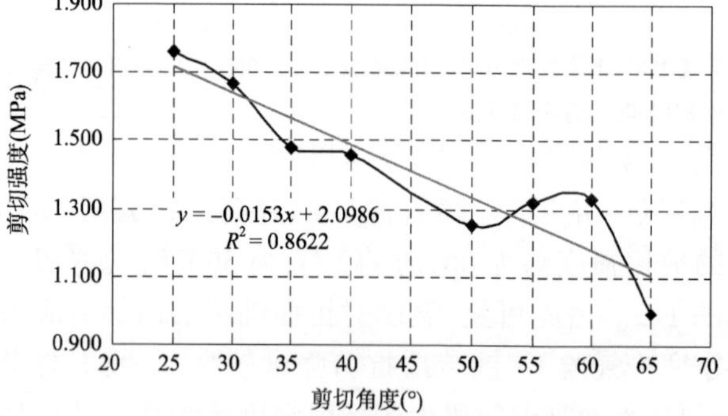

b)温度25℃时剪切强度随剪切角变化曲线

图　4-9

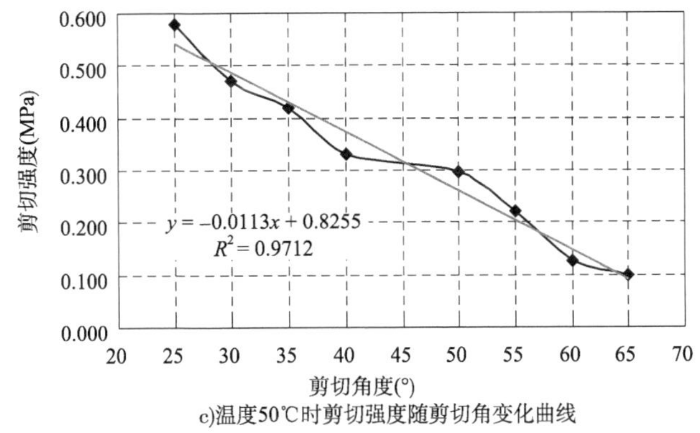

c)温度50℃时剪切强度随剪切角变化曲线

图 4-9 不同温度时剪切强度随剪切角度变化曲线图

(2)剪切角对黏结层材料的性能有十分显著的影响,随着剪切角度的增大,剪切强度基本线性降低。

4.5.2 桥面铺装黏结层剪切强度要求

由有限元计算及室内试验结果来看,对于桥面铺装黏结层,最不利的情况应该是夏季高温季节,当桥面具有较大纵坡时,层间黏结材料的抗剪性能不能满足车辆荷载的引起的水平剪力,从而引起黏结层受剪失效,导致铺装出现层间推移等病害。

由于卷材应用于桥面铺装时,形成了卷材与沥青铺装间、卷材内部以及卷材与桥面之间的黏结面,增加了破坏面的数量,更容易造成铺装病害,因此这里仅仅讨论涂膜类防水黏结层。

由有限元计算可知,铺装厚度不变(10cm)时,铺装模量由800MPa 变化至 4800MPa,层间剪切角基本维持在 31°,剪应力由 0.243MPa 减小至 0.237MPa;当模量保持在 2000MPa 时,铺装厚度由 4cm 变化至 16cm,层间剪切角由 34°降低至 29°,剪应力由 0.3MPa 减小至 0.174MPa;根据线性插值的方法,桥面铺装在夏季高温时,厚度为 6cm 时,层间剪切角约 33°,剪应力约 0.29MPa(上述不考虑紧急制动时水平力系数增大以及重载)。

综合考虑层间剪应力受水平力系数的影响(1.2 倍)、超载 50% 的影响(1.34 倍)及一定的抗剪疲劳效应,抗剪结构强度系数可取 1.6。即在夏季高温季节桥面铺装黏结层材料在对应剪切角时的最小剪切强度应不小于 0.464MPa。

根据上述分析,结合室内试验的结果,优质的 SBS 改性乳化沥青基本能够满足桥面黏结力的要求,但当桥面存在较大纵坡时,其抗剪强度的储备将明显不足,从而导致一定时期后层间出现破坏。因此桥面防水黏结层必须选择质量优良的材料,在特殊段落(有较大纵坡)更应选择性能更佳的材料。

4.6 聚酯玻纤布加筋沥青混凝土性能研究

在桥面负弯矩处,由于桥面板的开裂必然会导致铺装的反射裂缝,因此采用聚酯玻纤布进行加筋可延缓负弯矩处沥青铺装的开裂。分别采用脉冲荷载和轮载方式,在室内进行了反射裂缝模拟试验,以评价聚酯玻纤布和玻纤格栅材料抗反射裂缝的能力。试验中采用 AC-20 型沥青混合料。

4.6.1 脉冲荷载下的反射裂缝模拟试验

试验加载力为半正弦波,加载频率为 10Hz。为了模拟车辆超载情况或加速试验破坏,施加最大荷载为 2kN,试验温度为 15℃。试验在 MTS 材料试验机上进行。试验中记下每个试件的初裂次数和终裂次数,并每隔一定的次数定时记录和观测,并定时拍下数码照片进行对比,试验中设定 60 万次为中止次数。试验结果如表 4-15 所示,观测结果见图 4-10。

试件上面为沥青混凝土(为了能清楚地观察裂缝锯平之后涂上漆),下面是预制混凝土试块,中间为土工织物。在两块混凝土试块之间预留裂缝。

脉冲荷载反射裂缝模拟试验　　表 4-15

混合料类型	初裂次数(次)	终裂次数(万次)	裂缝发展速率均值(mm/万次)
纯混合料试件	5325	9.04	0.55
聚酯玻纤布	10326	40.83	0.12
玻纤格栅	4564	12.05	0.41

a)纯AC-20普通沥青混合料试件反射裂缝模拟(9万次)

b)含AC-20普通沥青混合料试验(40万次)

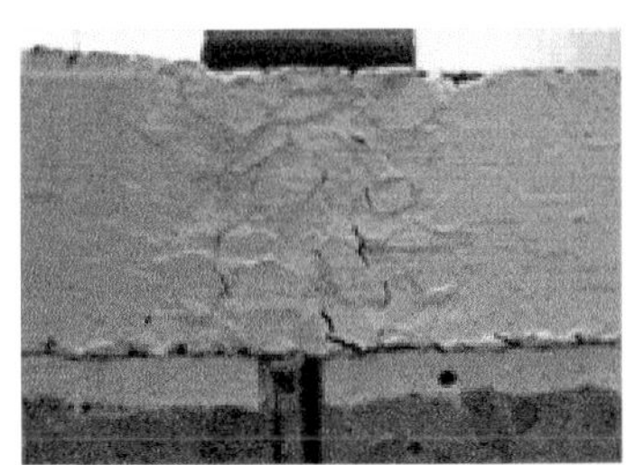
c)含格栅AC-20普通沥青混合料试验(15.8万次)

图 4-10　脉冲荷载反射裂缝试验观测图

由试验结果可知，加了聚酯玻纤布后，在很大程度上增加了试件初裂次数，延缓了裂缝的出现，显著降低了裂缝的扩散速度，提高了混合料的抗反射裂缝的能力。玻纤格栅能起到一定的延缓反射裂缝发展的作用。但是，玻纤格栅的防裂效果远不如聚酯玻纤布。

4.6.2　轮载作用下的反射裂缝模拟试验

轮载作用下的反射裂缝模拟试验，是采用小轮在模型或试件表面沿直线往返运动，模拟车轮的运动状态对试件进行疲劳加载。由于其试验模式接近实际路面受力状态,因而受到人们的关注。美国战略公路研究计划(SHRP)研制开发的沥青路面分析仪(Automatic Asphalt Pavement Analyzer,简称 AAPA)就是这样一种往返轮载试验装置。

AAPA 试验设备可用来进行疲劳试验和车辙试验(包括浸水车辙试验)。试验中可设置不同的环境温度,加载轮以恒定的压力在试件表面往返运动,通过计算机的数据采集系统,自动对试件表面的位移变形量定时进行采集,并绘出位移变形与运行次数的关系曲线。

为了评价聚酯玻纤布/玻纤格栅的抗反射裂缝性能,采用该装置对设置了不同夹层的加铺结构进行了模拟试验。试验设备采用自动沥青路面分析仪(Automatic Asphalt Pavement Analyzer, AAPA),如图 4-11 所示。

图 4-11　自动沥青路面分析仪

AAPA 一次可完成三个平行试验,并具备完善的控温系统,可将温度控制在 10 ~ 60℃,波动范围为 ±1℃。模拟车轮的小轮往复运动,频率为 60 次/min,并可调节与试样的接触压力。在本次试验中,试验小轮加到试样上的荷载为 123kg,试验温度为 15℃ ± 1℃,疲劳破坏的判据为试件表面有反射裂缝产生,如图 4-12 所示。

利用自动沥青路面分析仪测试不同加铺层试件的疲劳性能,试验结果如表 4-16 所示。

a)试件表面裂缝

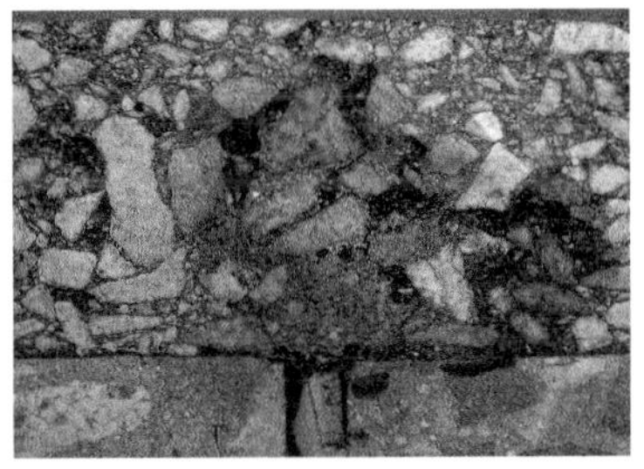
b)试件侧面裂缝

图4-12 试件表面裂缝

沥青混合料的疲劳寿命 表4-16

混合料类型	荷载作用次数(次)			平均值(次)
纯沥青混合料	10050	8005	14195	10750
聚酯玻纤布	145203	195602	151627	164144
玻纤格栅	39012	45235	36953	40400

试验结果表明,加铺土工织物之后可以明显地改善沥青混合料的抗反射裂缝能力,但是聚酯玻纤布与玻纤格栅的抗反射裂缝能力有所不同。从表4-16可以看出,聚酯玻纤布的抗反射裂缝能力要优于玻纤格栅。这与脉冲荷载作用下的反射裂缝模拟试验结果是一致的。

通过上述两个试验可以看出,聚酯玻纤布在满足黏结层抗剪及防水要求的前提下,能够对沥青混凝土起加筋作用,可有效地提高沥青混凝土的抗疲劳性能及防治反射裂缝的效果。可满铺于桥面或者在桥面负弯矩区作为桥面铺装的防水黏结体系。

4.7 黏结层材料试验研究小结

本书首先通过室内试验(剪切试验、拉拔试验、渗水试验)对比研究多种黏结层材料的性能,为桥面铺装防水黏结层的选择提供了依据。室内试验研究可以得到以下结论:

(1)各种材料的黏结层抗剪强度均随温度变化较大,试验温度升高，抗剪强度明显减小，其中溶剂型黏结剂在三种试验温度下的抗剪强度均相对较高。

(2)聚酯玻纤布的使用会降低层间抗剪力，但是如果选择性质优良的热沥青及改性乳化沥青，其抗剪性能是能够满足要求的，同时也具有更好的防水性能。

(3)聚酯玻纤布对防治反射裂缝、提高沥青混凝土的抗疲劳性能具有显著效果，可以用于桥面铺装工程中桥梁负弯矩区域。

(4)改性乳化沥青稀浆封层具有良好的密水及黏结性能，可应用于桥面铺装黏结层；卷材不推荐使用。

(5)室内各种黏结材料做黏结层时基本都不渗水，它们的抗渗水性能均较好，因此在确保施工质量的前提下，防水黏结层要优先考虑黏结性能。

(6)在进行防水黏结层选择时，必须选择质量优良的防水黏结材料，保证在一定的结构抗剪系数下黏结层的抗剪疲劳性能。

5 高速公路沥青桥面铺装结构建议及施工工艺

5.1 张石高速二期沥青桥面铺装试验段结构

桥面铺装作为桥梁结构的防水保护层，主要作用是阻止雨、雪水进入桥面和桥梁结构，并隔断空气中的二氧化碳等有害气体对混凝土桥面板的侵蚀。铺装结构体系中将有部分组合层次专门承担桥面铺装的防水隔离作用。一般来说对于铺装结构层为两层的铺装体系，表层主要承担铺装的表面行驶功能，其下部结构将承担铺装的防水隔离功能，铺装防水体系的防水功能可由铺装底层和防水层共同承担；对于铺装结构层为一层的铺装体系，铺装层承担铺装的表面行驶功能，防水体系主要依靠桥面防水黏结层，因此必须重视该层的设计和材料选择。具体选择何种结构，可根据桥梁结构对桥面铺装的防水功能要求的程度而定。

首先，从沥青混合料角度来看，热碾压沥青混合料具有一定的防水性，室内试验由于采用小型车辙板进行试验，按照严格设计的空隙率进行，因此防水效果较好；但由于现场施工的不均匀性或者压实的原因，沥青混合料的空隙在不同点存在一定的差异，即使空隙相同的点，防水性也存在一定的不均匀性，这是由于碾压沥青混合料属颗粒性材料，其渗水性不仅与混合料的空隙率的大小有关，还与空隙的分布、空隙尺寸、空隙的径向及贯通性等多项因素有关。但总体来说，沥青含量较高、空隙率小的沥青混合料具有良好的防水性能，但同时也必须兼顾沥青混合料的其他性能。

从桥面层间的防水黏结层角度来看，现有主要的防水材料在正常用量正常施工情况下，均能满足防水要求，因此防水层必须首先确保其黏结性能。只有在车辆荷载作用下，沥青铺装与水泥混凝土桥面间保持完好的黏结效果，保证沥青铺装与桥面的协同受力，黏结层才能处于良好的工作状态。根据试验研究，在实体工程中，优选黏结层材料进行试验。

此外，由于桥面结构原因引起的铺装易开裂区域，仅仅靠防水黏结层和铺装层不能有效地抵抗裂缝反射，必须对沥青混合料进行加筋处理。

据此，在张石高速选择了三座桥梁，确定了如下试验方案：

（1）桩号 K47 + 923，3 ~ 20m 连续小箱梁，全桥一联，纵坡 1.85%，$R = 5500$m。桥长 65m，行车道宽 11.5m。防水层采用 SBS（SBR）改性乳化沥青 + 满铺聚酯玻纤布，同时中面层沥青混合料（按照 GTM 设计方法）油石比提高 0.2%。

（2）K49 + 722；行车道宽 11.5m。4 ~ 20m 预应力连续小箱梁，全桥一联，纵坡 -1.69%，桥长 85m。防水层全桥采用溶剂型桥面防水材料，中面层沥青混合料（按照 GTM 设计方法）油石比提高 0.2%。

（3）K50 + 018 行车道 11.75m。5 ~ 20m 预应力连续小箱梁，全桥一联，纵坡 1.227%，桥长 105m。防水层全桥采用溶剂型桥面防水材料，在负弯矩处粘贴聚酯玻纤布。同时，考虑到张石二期沥青混凝土高温性能储备较差，在中面层和上面层之间满铺聚酯玻纤布，可在提高抗车辙性能的基础上进一步加强防水性能，此时按照正常的油石比施工。

5.2 桥面铺装主要工序施工工艺

5.2.1 溶剂型沥青桥面防水材料的施工

1）环境要求

（1）遇下雨、下雪、结露等天气条件时，严禁涂布作业。

(2)不可在雨天后半夜潮露时或基面温度在露点温度以下施工。

(3)涂布前,下卧层表面应清理彻底,无任何污染物。

2)施工注意事项

(1)溶剂型黏结剂的施工一般采用人工的方式,有条件时也可采用机械喷涂。

(2)溶剂型黏结剂使用前必须搅拌均匀,并注意密封和密封期。

(3)根据不同需要,溶剂型黏结剂宜涂刷2遍,每遍用量为0.2~0.25kg/m^2;对桥面有微裂缝的区域可酌情增加涂量。

(4)涂刷时应做到厚度适宜,涂布均匀,不得有流淌、堆积或漏涂现象,以利于溶剂蒸发,避免起泡。

(5)施工时应选择“先远后近”的原则,涂刷时应纵横交错进行,即先纵向涂刷,固化后(约1h)再横向涂刷,使基面均匀满布。

5.2.2 改性乳化沥青稀浆封层施工

1)施工条件

由于改性乳化沥青稀浆封层本身特点以及桥面铺装的特殊状况,因此水泥混凝土桥梁桥面铺装改性乳化沥青稀浆封层防水黏结层必须满足以下条件:

(1)养护成型期内气温大于10℃,低温有可能导致乳化沥青难以破乳或者破乳不充分,降低改性乳化沥青稀浆封层的路用性能。

(2)施工养护成型期内可能会降雨,则不能施工改性乳化沥青稀浆封层,下雨会破坏改性乳化沥青稀浆封层混合料成型的时间与内聚力,另外也会冲走一部分沥青与细料。

2)施工程序

根据水泥混凝土桥梁桥面铺装改性乳化沥青稀浆封层下封层的技术特点,建议采用以下施工程序:处理水泥混凝土桥面板瑕疵→封闭管制交通→桥面清洁→放样放线→摊铺→修补修边→早期养护→开放交通。

3)预湿水

天气过于干燥气温又很高时,改性乳化沥青稀浆封层与水泥混凝土桥面板接触部分很容易破乳,从而影响防水层的内聚力以及与桥面板的黏结性能,对原水泥混凝土桥面进行预洒水,有利于改性乳化沥青稀浆封层与水泥混凝土板的牢固黏结。

4)摊铺

将符合要求的矿料、改性乳化沥青、填料、水、添加剂等分别装入摊铺机的相应料箱,一般应全部装满,保证矿料湿度均匀一致。铺筑设备应具有储料、送料、拌和、摊铺和计量控制等功能。稀浆封层铺筑机应匀速前进,一般摊铺速度为1.5～3.0km/h,保持摊铺箱中混合料的体积为摊铺箱容积的1/2左右,摊铺表面应平整。

水泥混凝土桥面铺装改性乳化沥青稀浆封层防水黏结层不可能一次成型,因此,防水层的接缝不可避免,有必要细致处理。在先铺筑的接缝处进行预湿水处理,用橡胶刮耙处理接缝的突出部分,再用扫帚进行扫平,使纵向接缝变得平顺。

5)碾压成型

考虑水泥混凝土桥面铺装改性乳化沥青稀浆封层下封层的作用以及使用要求,建议当混合料初凝后,适时用轮重约4.5t,轮胎压力约3个大气压的轮胎压路机进行碾压,碾压时做5个往返,并从路中开始,向外侧扩碾,碾压速度为5～8km/h。碾压有助于改性乳化沥青稀浆封层下封层的防水效果以及内聚力。

6)伸缩缝处理

水泥混凝土桥梁尤其是高速公路上的水泥混凝土桥梁的伸缩缝一般是填埋碎土,等桥面铺装完成后,再做桥梁伸缩缝,而由于改性乳化沥青稀浆封层的施工工艺为刮铺施工,因此,填埋碎石就很容易被刮铺箱刮起,使改性乳化沥青稀浆封层产生起拱、刮痕以及铺装过厚等问题，因此铺装时必须有相应的处理措施，比如预制一块薄铁皮覆盖于桥梁伸缩缝上，或者填埋碎石时尽量使用细料，并尽量使填埋高度低于水泥混凝土桥面高程。

7)施工质量验收标准

水泥混凝土桥面铺装改性乳化沥青稀浆封层下封层质量的好坏与施工质量控制密切相关，在原材料与施工工艺一定的情况下，施工质量的控制对工程质量起决定性作用。表5-1是一般改性乳化沥青稀浆封层施工时混合料性能检测的几个指标，对于桥面铺装的防水黏结层来说，基本上能够适用。

改性乳化沥青稀浆封层混合料性能检测要求 表5-1

序号	项目	要求和允许误差	检验频率		检验方法
			范围	点数	
1	矿料裹覆性	>2/3	每车料或1000m^2	1	目测
2	稠度值	机械施工2~3cm，人工施工3~5cm	1d施工段	2	稠度试验
3	油石比	±0.5%	1d施工段	1	抽提法
4	矿料级配	规定范围	1d施工段	1	抽提法

对于成型的改性乳化沥青稀浆封层下封层质量控制分为外观控制与检验控制两种方法。外观质量控制有：

(1)表面平整、密实、无松散、无轮迹。

(2)纵、横衔接平顺、外观色泽均匀一致。

(3)与其他构造物衔接平顺、无污染。

(4)摊铺范围以外无流出的稀浆混合料。

5.2.3 聚酯玻纤布施工工艺

1)施工准备

(1)材料

①聚酯玻纤布。聚酯玻纤布的质量标准详见表5-2，供货单位必须提交出厂检验报告及进口商检报告，经质量认可后方可进

场,施工单位应妥善保管,以防受潮、污染或破损。

Trupave 玻纤材料技术要求 表 5-2

<table>
<tr><th colspan="4">试验项目</th><th>质量标准</th><th>参照标准</th></tr>
<tr><td rowspan="2">物理特性</td><td colspan="3">单位面积质量 (g/m)</td><td>≥120</td><td>ASTM D5261</td></tr>
<tr><td colspan="3">厚度(2kPa) (mm)</td><td>≥0.60</td><td>ISO 9863—1990</td></tr>
<tr><td rowspan="13">力学特性</td><td rowspan="4">窄条样拉伸</td><td rowspan="2">断裂强度(kN/5cm)</td><td>T</td><td>≥0.15</td><td rowspan="4">SL/T 235—1999</td></tr>
<tr><td>W</td><td>≥0.15</td></tr>
<tr><td rowspan="2">断裂伸长率(%)</td><td>T</td><td>≤8</td></tr>
<tr><td>W</td><td>≤8</td></tr>
<tr><td colspan="2" rowspan="2">梯形撕裂(kN)</td><td>T</td><td>≥0.015</td><td rowspan="2">ASTM D4532</td></tr>
<tr><td>W</td><td>≥0.015</td></tr>
<tr><td colspan="2" rowspan="2">握持强度(kN)</td><td>T</td><td>≥0.14</td><td rowspan="4">ASTM D4632</td></tr>
<tr><td>W</td><td>≥0.14</td></tr>
<tr><td colspan="2" rowspan="2">握持伸长率(%)</td><td>T</td><td>≤16</td></tr>
<tr><td>W</td><td>≤16</td></tr>
<tr><td colspan="3">Mullen 胀破强度(kPa)</td><td>≥350</td><td>ASTM D3786</td></tr>
</table>

②黏结材料。铺设聚酯玻纤布前应喷洒一定量的优良黏结材料,黏结材料优选 SBS 改性热沥青,技术指标见表 5-3。

SBS 改性沥青技术要求 表 5-3

检验项目		技术要求
针入度(25℃,100g,5s)(0.1mm)		40~60
针入度指数 PI	不小于	-0.2~+1.0
延度(5cm/min,5℃)(cm)	不小于	30
软化点($T_{R\&B}$)(℃)	不小于	65
动力黏度 60℃ (Pa·s)	不小于	800
运动黏度 135℃ (Pa·s)	不大于	3
闪点(COC)(℃)	不小于	230
溶解度(三氯乙烯)(%)	不小于	99
弹性恢复 25℃	不小于	75
储存稳定性离析,48h 软化点差	不大于	2.5

续上表

检验项目			技术要求
旋转薄膜加热试验 163℃,5h	质量变化(%)	不大于	±1.0
	针入度比 25℃(%)	不小于	65
	延度(5℃)(cm)	不小于	20
SHRP 性能等级			PG76-22

条件不允许时,可采用相当的改性乳化沥青进行施工。

(2)设备

施工前应配备齐全的施工设备和器具,并做好检查、调试和日常保养工作,以保证设备和器具处于良好的技术状况。

施工设备主要有:热沥青喷洒车(有加热装置,喷头经专业加工,喷洒时必须保证雾状,且喷洒量可以控制)或改性乳化沥青喷洒车(喷洒量可以控制)、聚酯玻纤布铺设设备(采用聚酯玻纤布铺设设备施工,保证铺设后聚酯玻纤布平直、无褶皱)。

施工器具主要有:鼓风机、铁碾子、涂刷等(用以清除浮灰、碎渣,将聚酯玻纤布压实黏覆在黏结料上)。

(3)水泥混凝土桥面处理

水泥混凝土桥面表面应平整并清理干净,尤其需确保混凝土表面无浮浆。在混凝土表面进行改性乳化沥青防水层施工或溶剂型沥青桥面防水材料施工后,后续铺设聚酯玻纤布。

2)施工工艺及方法

聚酯玻纤布施工工序为:底层表面清扫→测量画线→喷洒黏结料→铺设聚酯玻纤布→保养维护→铺筑新路面。

(1)底层表面清扫

①在喷洒黏结料前,应将底层表面清扫干净。

②保持工作面无水分,雨后必需待路面干燥后方可施工。

(2)画线

①在经监理工程师验收合格的底面上,对照桥梁墩台位置确定负弯矩位置。

②按拟铺设的聚酯玻纤布宽度在墩台位置定好基准线,并用石灰或粉笔画线作为铺设聚酯玻纤布的依据,确保聚酯布居中。

(3)喷洒黏结料

①在画线范围内用沥青(乳化沥青)喷洒车洒布黏结料,喷洒黏结料的横向范围要比聚酯玻纤布宽5~10cm。

②洒布黏结料时要喷洒均匀,计量准确,热沥青用量为0.8~1.0kg/m^2,对应改性乳化沥青(60%固体物含量)用量为1.3~1.6kg/m^2。

(4)聚酯玻纤布的铺设与搭接

①对热黏结料,在黏结料仍呈液体状时,立即采用聚酯玻纤布铺设设备进行聚酯玻纤布铺设施工;对于改性乳化沥青,则应在乳化沥青接近破乳时进行铺设。

②铺设聚酯玻纤布时应尽可能铺设成一条直线,当需要转弯时,将聚酯玻纤布弯曲处剪开,重叠铺设并喷涂黏结料胶结,应尽量避免聚酯玻纤布打折起皱。

③铺设设备配置涂刷和铁碾子,以保证铺设聚酯玻纤布时能及时将其压实在黏结料上;若铺设时发生褶皱或打折现象,应当及时用工具刀切开褶皱部位,然后在铺设方向上再搭接起来,用黏结料胶结并压实,以保证聚酯玻纤布与黏结料的良好黏结。

④铺设后的聚酯玻纤布两侧喷洒外露的黏结料应及时采用石屑覆盖,以免黏起。

(5)保养维护

禁止任何车辆在聚酯玻纤布上行驶时紧急制动或急转弯,以免对聚酯玻纤布造成极大破坏。

(6)铺筑中面层混合料

①沥青混合料的摊铺最好在聚酯玻纤布施工后隔天进行。

②沥青混合料摊铺时,运输车辆不得在聚酯玻纤布上紧急制动或转弯。

3)注意事项

(1)在进行聚酯玻纤布施工时,现场操作人员应戴好防护手套,以免被聚酯玻纤布刺伤手指。

(2)施工中不得使用在储存过程中受潮、污染或破损的聚酯玻纤布。

6 结　论

通过对张石高速桥面铺装的相关研究，得出以下主要结论：

（1）通过大量试验，比较了6种AC-13类沥青混合料的配比及使用部分性能，可供桥面铺装上面层结构设计进行参考。

（2）对7种AC-20沥青混凝土的使用性能进行了比较，为桥面铺装中面层的材料及结构选择提供了依据。

（3）对工地采用的沥青胶结料进行了常规指标和PG分级指标测试，发现其高温性能刚刚满足国家标准，对于张家口地区高温稳定性储备不足。

（4）高强沥青混凝土具有强度高、韧性好的优点，选取合适的级配、油石比，可应用于桥面铺装工程中的中上面层。

（5）通过提高沥青含量和掺加纤维，可以有效地提高混凝土的抗疲劳性能。

（6）改性乳化沥青稀浆封层具有良好的密水及黏结性能，可应用于桥面铺装黏结层；卷材不推荐使用；涂膜类防水黏结层具有优良的使用性能。各种黏结材料做黏结层时基本都不渗水，它们的抗渗水性能均较好，因此在确保施工质量的前提下，防水黏结层优先考虑黏结性能。

（7）聚酯玻纤布对防治反射裂缝、提高沥青混凝土的抗疲劳性能具有显著效果，可以用于桥面铺装工程中桥面负弯矩处。

（8）通过力学分析，计算了桥面铺装层间剪应力的大小及角度，并通过室内试验，对不同角度下桥面铺装黏结层材料的抗剪性能进行了评价，研究表明现有材料基本能够满足常规条件下的抗剪要求，但对于桥面具有一定纵坡、重交通时的桥面铺装，黏结层应优先选择黏结效果好的材料。

参考文献

[1] 沈金安.沥青及沥青混合料路用性能研究[M].北京:人民交通出版社,2001.

[2] 徐培华,王安玲.公路工程混合料配合比设计与试验技术手册[M].北京:人民交通出版社,2001.

[3] 沈金安.改性沥青与SMA路面[M].北京:人民交通出版社,2004.3.

[4] 沙庆林.高速公路沥青路面早期破坏现象及预防[M].北京:人民交通出版社,2001.

[5] 严家伋.道路建筑材料[M].北京:人民交通出版社,1996.

[6] 沙庆林.高等级公路半刚性基层沥青路面[M].北京:人民交通出版社,1999.

[7] 黄卫,钱振东.高等沥青路面设计理论与方法[M].北京:科学出版社,2001.

[8] 中华人民共和国行业标准.TJT 014—1997 公路沥青路面设计规范[S].北京:人民交通出版社,1997.

[9] 黄晓明,赵永利.沥青与沥青混合料[M].南京:东南大学出版社,2002.

[10] 中华人民共和国行业标准.JTJ 052—2000 公路工程沥青及沥青混合料试验规程[S].北京:人民交通出版社,2000.

[11] 中华人民共和国行业标准.SHC F40-01—2002 公路沥青玛蹄脂碎石路面技术指南[S].北京:人民交通出版社,2002.

[12] 中华人民共和国行业标准.TJT 032—1994 公路沥青路面施工技术规范[S].北京:人民交通出版社,1994.

[13] 中华人民共和国行业标准. JTJ 036—1998 公路改性沥青路面施工技术规范[S]. 北京:人民交通出版社,1994;
[14] 中华人民共和国行业标准. JTJ 058—1994 公路工程集料试验规程[S]. 北京:人民交通出版社,1994;
[15] 中华人民共和国行业标准. JTJ 059—1995 公路路基路面现场测试规程[S]. 北京:人民交通出版社,1994.
[16] 潘放,于新,吴秀琴,葛折圣,黄晓明. 沥青混凝土表面抗滑与渗水性能的试验研究[J]. 合肥工业大学学报(自然科学版),2003,26(2).
[17] 袁宏伟,习明星,张敬君. 沥青路面的渗水性检测方法及影响因素[J]. 公路,2002. 5(5).
[18] 肖秋明,查旭东. 沥青混凝土钢桥面铺装的剪切分析[J]. 中南公路,2003,25(1):53-54.
[19] 高金岐,罗晓辉,徐世法,等. 沥青粘结层抗剪强度试验分析[J]. 北京建筑工程学院学报,2003,19(1):66-71.
[20] 李自华. SBR 改性乳化沥青作为粘层油在工程中的应[J]. 公路交通科技,2000,17(3):10-12.
[21] Kevin J. Gaspard, Louay N. Mohammad, Thong Wu. Laboratory Mechanistic Evaluation of Soil Cement Mixtures with Fibrillated – polypropylene – fibers[R]. Paper No. TRB2003 – 001153.
[22] Khaled Sobhan, Matthew R. Jesick, Eric J. Dedominicis, and James P McFadden. A Soil-Cement-Fly Ash Pavement Base Course Reinforced with Recycled Plastic Fibers[R]. Paper No. TRB1999 – 00875.
[23] Dr. Louay Mohammad. Investigation of the behavior of asphalt tack coat interface layer. LTRC Project Capsule 00-2B,2002. 8.